Dieter Seitzer

Elektronische Analog-Digital-Umsetzer

Verfahren, Bauelemente, Beispiele

Springer-Verlag
Berlin Heidelberg New York

Dr.-Ing DIETER SEITZER
o. Professor an der Universität Erlangen-Nürnberg
Inhaber des Lehrstuhles für Technische Elektronik

Mit 103 Abbildungen

ISBN-13: 978-3-540-07954-5   e-ISBN-13: 978-3-642-81076-3
DOI: 10.1007/978-3-642-81076-3

Library of Congress Cataloging in Publication Data
Seitzer, Dieter, 1933-
    Elektronische Analog-Digital-Umsetzer. (Hochschultext)
    Includes bibliographies.
    1. Analog-to-digital converters. I. Title.
TK7887.6.S44   621.3819'596   76-55405

Vorwort

Das Buch enthält im wesentlichen den Stoff einer einsemestrigen Vorlesung von zwei Semesterwochenstunden für Studenten der Elektrotechnik ab dem 6. Semester. Damit sind der Umfang und die Voraussetzungen, mit denen gerechnet wird, gegeben, d. h. es werden Kenntnisse über die Wirkungsweise und Analyse von einfachen Schaltungen mit aktiven Halbleiterbauelementen erwartet.

Es ist die hauptsächliche Absicht der Vorlesung, am Beispiel eines aktuellen Stoffes in die Denkweise des Entwurfs elektronischer Geräte und Systeme einzuführen, nachdem eine formale Synthese wie etwa beim Filterentwurf hier nicht möglich ist. Es ist eine Aufgabe ähnlich der des Architekten, der aus vorgegebenen Bauelementen ein Gebäude mit bestimmter, vom Benutzer vorgegebener Funktion zu "synthetisieren" hat. Die Analog-Digital-Umsetzung eignet sich besonders als Übungsstoff, weil die Funktion als Gerät durch eine überschaubare Anzahl von quantifizierbaren Parametern gekennzeichnet werden kann, weil die Grundprinzipien, gewissermaßen der Bauplan, leicht, d. h. ohne Kenntnis des Schaltungsentwurfs selbst, zu verstehen sind, und weil bei der Verwirklichung verhältnismäßig wenige einfache Grundschaltungen und deren Zusammenspiel eine Rolle spielen. Entsprechend ist der Aufbau der Vorlesung: Zuerst die Verfahren, dann die Grundschaltungen, zuletzt die Ausführungsbeispiele.

Dem Lehrbuch stellt sich über die schriftliche Niederlegung des Vorlesungsstoffes hinaus die Aufgabe, eine Momentaufnahme vom Stand der Technik zu geben. Es kann also keine geschichtliche Würdigung individueller Beiträge unternehmen, es muß raffen, Details vergröbern, um ein Gesamtbild entstehen zu lassen. Dies scheint mir umso notwendiger, als eine umfangreiche, weit verstreute Spezialliteratur existiert und die Gefahr unabweisbar wird, daß der Fortschritt sich selbst dadurch begrenzt, daß der aktiv Tätige aus Unkenntnis alte Lösungen neu erfindet bzw. der mit Literaturstudium Beschäftigte nicht zu eigenen Beiträgen kommt.

Im Augenblick scheint mir die Aufgabe der Analog-Digital-Umsetzung besonders aktuell. Einmal deswegen, weil die digitale Signalverarbeitung im Vormarsch ist, aber vor dem Einsatz eines Mikroprozessors, um dieses Stichwort zu nennen, die Aufbereitung der Information steht. Zum anderen, weil die unaufhaltsame Verbilligung integrierter Digitalschaltungen die Schnittstelle zwischen analoger und digitaler Schaltungstechnik mitten in den Umsetzer selbst verlegt. Damit wird das Thema für Anwender und Entwickler gleichermaßen interessant.

Naturgemäß sieht der Verfasser das Thema, den Stoff und das entstandene Werk durch seine eigene Brille, welche sicher verzerrt und auch gefärbt ist. Der geneigte Leser möge diese Subjektivität des Berichterstatters verzeihen und sich bei abweichender Meinung veranlaßt sehen, mit konstruktiver Kritik zum fortlaufenden Lernprozeß beizutragen. Auch für Hinweise auf Fehler, die man nach n-maliger Durchsicht aus Gewöhnungsblindheit übersieht, bin ich dankbar.

Dankbar vermerken möchte ich auch die geduldige, sorgfältige und zielstrebige Mitarbeit von Frau Haubner, welche die Reinschrift übernommen hat, ferner die gute Zusammenarbeit mit den Mitarbeitern des Verlags.

Erlangen, im Herbst 1976

D. Seitzer

Inhalt

1. Einleitung

Analog-Digital-Umsetzer sind Bindeglieder zwischen digitalen Geräten
bzw. Systemen und analogen Signalquellen. Sie gewinnen in dem Maß an
Bedeutung, in dem die digitale Verarbeitung, Übertragung, Speicherung,
Steuerung und Anzeige von ihrer Natur nach kontinuierlich verlaufenden
Signalen zunimmt. Der Trend zu digitalen Verfahren wird auf der Sy-
stemebene hervorgerufen durch den verbreiteten Einsatz von Datenver-
arbeitungsanlagen, die eine sehr flexible, weitgehend vereinheitlich-
te und daher wirtschaftliche Handhabung von Information ermöglichen.

Auf der Ebene der elektronischen Signalverarbeitung verläuft die Entwicklung aus ähnlichen Gründen in Richtung digitaler Methoden, wobei
noch hinzukommt, daß die Technologie integrierter Digitalschaltungen
bislang kaum für möglich gehaltene Verbilligungen von Schaltkreisen
mit sich bringt, wie am Preisverfall elektronischer Taschenrechner
augenfällig wird. Im professionellen Bereich sind das lebhafte Interesse an Mikroprozessoren [1.1] und das Bestreben, auf internationaler
Ebene Einigung über die Standardisierung von Schnittstellen in Form von
IEC-Bus [1.2] und CAMAC [1.3] zu erreichen, Anzeichen dieser Entwicklung.

Die Informationsquellen wie Meßgrößen (Druck, Temperatur, Weg), Sprache und Bilder werden jedoch ihrer Natur nach stets kontinuierliche,
d. h. analoge Signale liefern. Es ist also die Aufgabe der Analog-Digital-Umsetzung, die erforderliche Anpassung vorzunehmen. Das technische Problem ist dabei, einen optimalen Kompromiß zwischen den Anforderungen an die Genauigkeit und die Geschwindigkeit zu finden, das
wirtschaftliche Problem ist, den Aufwand soweit herabzusetzen, daß die
zusätzlichen Kosten des Umsetzers durch die Einsparungen an digitalen
Verarbeitungsschaltungen wettgemacht werden und damit die digitale Lösung auch wirtschaftlich konkurrenzfähig wird, wenn der Einsatz aus
anderen Gründen nicht ohnehin geboten erscheint.

2

Zur Vorbereitung und Vervollständigung der Aufgabenstellung werden wir
uns im zweiten Kapitel zunächst einige Grundlagen aus der Signaltheorie
in Erinnerung rufen. Das dritte Kapitel befaßt sich mit den vielfältigen Verfahren zur Analog-Digital-Umsetzung, wobei eine Einteilung anhand struktureller Merkmale vorgenommen ist. Beispiele, welche den
Stand der Technik kennzeichnen, sind eingestreut. Die einfachere Umkehrung der Aufgabe in Form der Digital-Analog-Umsetzung bringt das
vierte Kapitel. Da der Entwurf von Umsetzern stets auf der Basis realer Bauelemente zu erfolgen hat, ist das fünfte Kapitel speziell den
in Umsetzern vorkommenden Bauelementen und Grundschaltungen gewidmet.
Ein sechstes Kapitel über Messungen an Analog-Digital-Umsetzern rundet
das Thema ab.

1.1 Was sind Analog-Digital-Umsetzer?

Wie bereits erwähnt, dienen Analog-Digital-Umsetzer zur Überbrückung
der Schnittstelle zwischen analoger und digitaler Technik. Sie sind im
weiteren Sinn der Kategorie der Meßgeräte zuzuordnen, die eine Meßgröße in einer geeigneten Repräsentationsgröße darstellen. Im Gegensatz zur analogen Darstellung (Bild 1.1), bei der die Repräsentations-

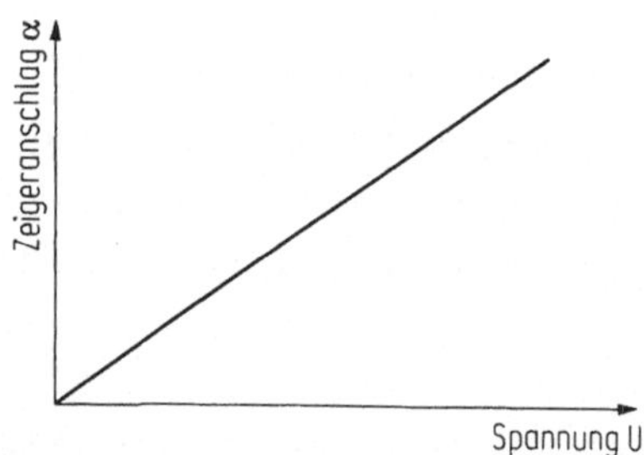

1.1. Analoge Darstellung: Kontinuierlicher Verlauf der Repräsentationsgröße (Zeigerausschlag) als Funktion der Meßgröße (Spannung)

größe (Zeigerausschlag) der Meßgröße (Spannung) kontinuierlich folgt,
wird bei der digitalen Darstellung eine bereichsweise Zuordnung vorgenommen, d. h. die Repräsentationsgröße ist nur einer begrenzten Anzahl
diskreter Werte (z. B. Ziffern) fähig. Vorzugsweise verwendet man bei
der Anzeige eine dezimale Stufung, bei der elektrischen Verarbeitung
die duale, auf dem System der Zweierpotenzen beruhende Darstellung.
Als Beispiel sind in Bild 1.2 zwei Skalen einander gegenübergestellt,
wobei die linke von der Meßgröße kontinuierlich durchlaufen wird, während die rechte nur die acht dual gestuften Werte 000 bis 111 enthält.

Wie man sieht, stellt sich bei der diskreten Angabe ein Fehler ein, der die Größe einer halben Stufe erreichen kann. Bild 1.2a bzw. b zeigt verschiedene mögliche Darstellungen des gleichen Sachverhalts.

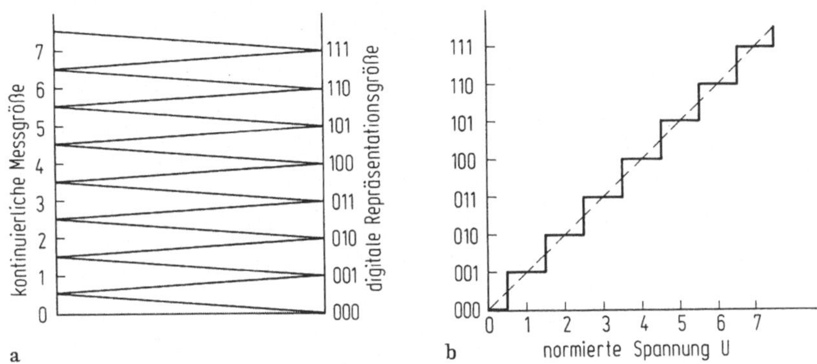

1.2a,b. Digitale Darstellung: Diskontinuierliche Zuordnung Repräsentationsgröße zur Meßgröße

a. Bereichsweise Zuordnung   b. Darstellung als Kennlinie

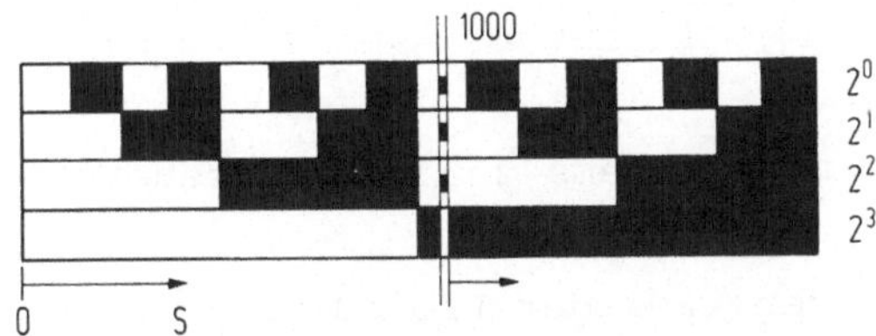

1.3. Umsetzung eines Weges in eine digitale Größe

Zur weiteren Illustration zeigt Bild 1.3 die mögliche Umwandlung eines Weges in eine duale elektrische Größe. Ein bewegliches Lineal trägt unter Spannung stehende Segmente, welche von einem Satz von vier Bürsten abgetastet werden. Ein unter Spannung stehendes Segment entspricht einer logischen "Eins", ein leeres Segment dem Wert "Null". Auch eine berührungslose Realisierung mit elektro-optischen Mitteln ist möglich. Auf Fehlermöglichkeiten dieser Anordnung soll später eingegangen werden.

1.2 Anwendung von Analog-Digital-Umsetzern

Die wohl geläufigste Anwendung des Analog-Digital-Umsetzers ist das digitale Voltmeter (DVM), bei dem eine Spannung, ein Strom oder ein Widerstand in Form einer Folge von Dezimalziffern angezeigt wird. Sehr verbreitet sind Analog-Digital-Umsetzer zum Zwecke der Fernmessung (Te-

4

lemetrie), bei der häufig eine Anzahl von Meßstellen von einem Multiplexer zusammengefaßt wird und an einen Umsetzer angeschlossen ist
(Bild 1.4). Nach der Übertragung erfolgt die Verarbeitung im Anschluß
an eine Aufspaltung in Einzelsignale durch einen Demultiplexer. Raum-
sonden für physikalische Messungen und Experimente im Weltraum verwenden

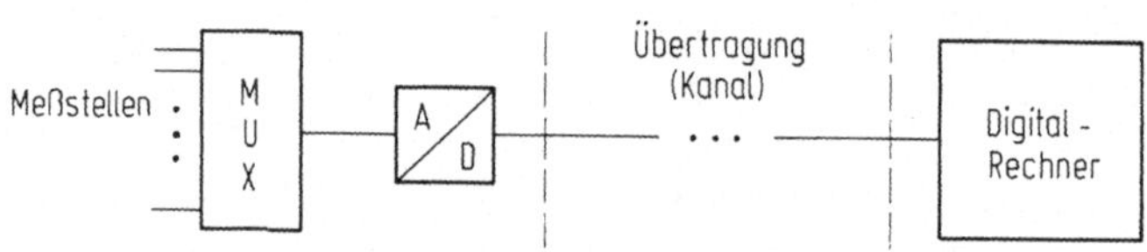

1.4. Blockschaltbild eines Telemetriesystems

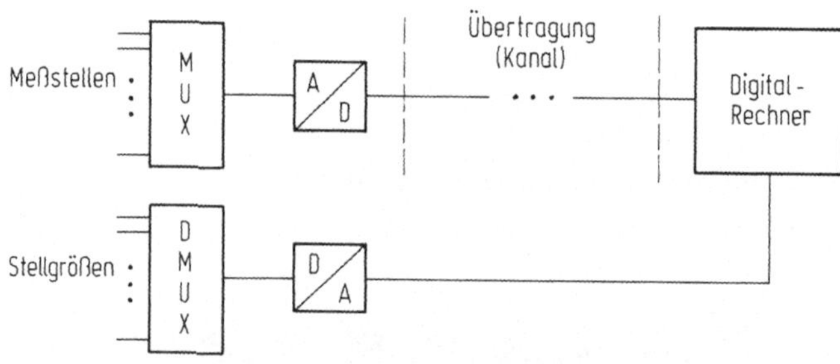

1.5. Blockschaltbild eines Systems zur Prozeßsteuerung und Regelung

diese Art von Meßverfahren. Bei der Prozeßsteuerung und Regelung folgt
im Anschluß an den Analog-Digital-Umsetzer und die Übertragungsstrecke
ein Digitalrechner, der die Meßdaten nach einem Programm verarbeitet
und über einen angeschlossenen Digital-Analog-Umsetzer Steuersignale
zum Eingriff in einen laufenden Prozeß erzeugt (Bild 1.5). Werkzeugma-
schinen, Walzwerke und Hochöfen bei der Stahlerzeugung werden auf diese Weise gesteuert, Verbundnetze in der Energieversorgung überwacht,
auch die Daten- und Fernmeldenetze der Zukunft werden davon zur Lenkung
des Fernsprech- und Datenverkehrs Gebrauch machen. Analog-Digital-Umsetzer sind auch wesentliche Bestandteile von Übertragungseinrichtun-
gen für Sprache und Bilder (Bild 1.6) nach dem Zeitmultiplexverfahren
der Pulscodemodulation (PCM). Schließlich bestehen auch die Vielkanal-
Analysatoren der Kernphysik im wesentlichen aus einem Analog-Digital-
Umsetzer, welcher die Ausgangsspannungen von Strahlungsdetektoren dual
codiert und als Adressen zur Ansteuerung von Zählern benutzt, deren
Zählerstand die Häufigkeitsverteilung als Funktion der Energie liefert.
Die Liste dieser Anwendungen ließe sich weiter fortsetzen, es sei in
diesem Zusammenhang jedoch auf die einschlägige Literatur verwiesen
(s. Schrifttum am Ende des Abschnitts).

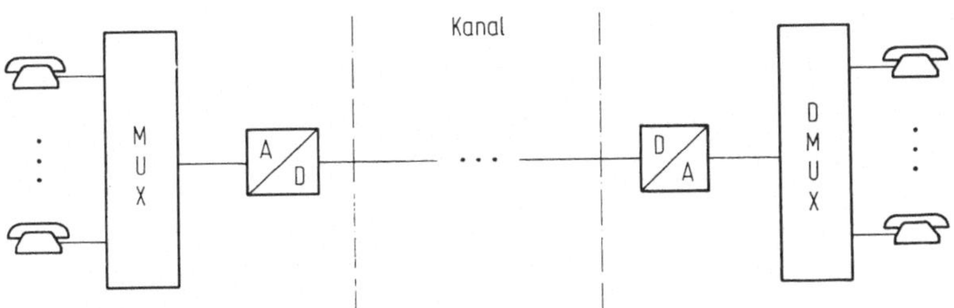

1.6. Blockschaltbild eines Systems zur digitalen Nachrichtenübertragung mittels Pulscodemodulation (PCM)

1.3 Kenngrößen und Parameter

Die Kenntnis von Parametern und Kenngrößen, welche zur Charakterisierung von Analog-Digital-Umsetzern dienen, ist wichtig, um Datenblätter verstehen und gegebenenfalls Vergleiche zwischen verschiedenen Geräten anstellen zu können. Da ist zunächst der Meßbereich, der von Null bis zu einem bestimmten positiven bzw. negativen Wert reicht, oder auch automatisch bzw. durch Umschaltung von Hand Spannungen beiderlei Vorzeichens zuläßt. Die Repräsentation der Meßgröße am Ausgang erfolgt in Form einer Anzeige meist dezimal und parallel, oder in Form einer elektrischen Spannung in dualer oder anders codierter Form, zeitlich hintereinander auf einer Leitung oder parallel auf mehreren Leitungen. Wichtig ist hierbei insbesondere die Anzahl der Stellen, welche ein Maß ist für die Genauigkeit, d. h. die Anzahl der unterscheidbaren Stufen beim Umwandlungsvorgang. 12 bit (4096 Stufen) sind ein gängiger Wert, 14 bit gibt es vereinzelt, 16 bit werden für möglich gehalten. Die Zahl der Stellen ergibt in Verbindung mit dem Meßbereich die kleinste noch meßbare Amplitudenstufe als Maß für die Auflösung.

Im Zusammenhang mit der Genauigkeit sind weitere Kennwerte bzw. Fehlermöglichkeiten von Bedeutung, welche anhand der Kennliniendarstellung von Bild 1.7 deutlich werden. Dort sind ein idealer und ein realer Verlauf der Quantisierung einander gegenübergestellt. Die ideale Kennlinie weist Quantisierungsstufen gleicher Höhe über den ganzen Bereich auf, die mittlere Steigung ist eins. Die reale Kennlinie hat einen Nullpunktfehler, d. h. sie beginnt nicht beim halben Wert der kleinsten Stufe, die Stufen sind unterschiedlich hoch, was einem Verstärkungsfehler entspricht, wenn die Abweichung gleichmäßig ist, aber zu nichtlinearem Verlauf der mittleren Steigung (differentielle Nichtli-

nearität) bei örtlich unterschiedlicher Stufenhöhe, u. U. sogar zum
Ausfall einzelner Codeworte (Monotoniefehler) führt, wenn die Schwellwerte für die Quantisierung nicht monoton ansteigen.

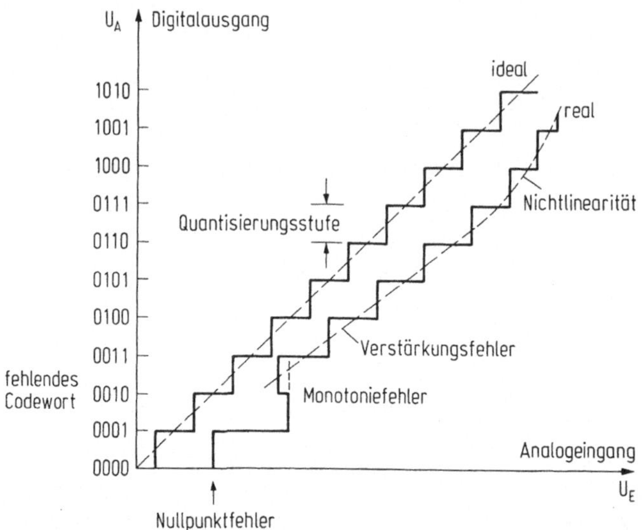

1.7. Übertragungskennlinie eines Analog-Digital-Umsetzers, Gegenüber-
stellung von idealem und realem Verlauf

Eine wichtige Kenngröße ist ferner die Geschwindigkeit, welche in der
Zahl der möglichen Umwandlungen pro Sekunde bzw. in der Zeit für eine
Umwandlung angebbar ist. Beide Werte sind nicht reziprok zueinander.

Die Zahl der Umwandlungen pro Sekunde ist meist niedriger als der Kehrwert der Zeit für eine Umwandlung angibt. Eine Zahl von 10^7 Umwandlungen pro Sekunde bei einer Genauigkeit von 9 bit ist z. Zt. etwa die
Grenze des technisch sinnvoll Realisierbaren [1.14]. Sinnvoll heißt in
diesem Zusammenhang, daß der technische Aufwand sich in einem Preis
niederschlägt, der im Rahmen der betreffenden Anwendung vertretbar sein
muß. Der Preis ist nur bei käuflichen Geräten ein quantifizierbarer Anhaltspunkt für den Aufwand. Bei Umsetzern im Experimentierstadium oder
prinzipiellen Verfahrensvergleichen ist man auf Abwägungen aufgrund
von ingenieurmäßiger Erfahrung angewiesen.

1.4 Die Aufgabenstellung

Zur Analog-Digital-Umsetzung bedient man sich i. a. der in Bild 1.8
dargestellten Anordnung. Das Analogsignal gelangt an den Eingang eines
Abtasthalteglieds, das die Aufgabe hat, unter Kontrolle der Ablaufsteu-

erung in regelmäßigen Zeitabständen Stichproben aus dem Analogsignal
zu entnehmen und die Amplitude der Stichprobe aufrecht zu erhalten,
während der Analog-Digital-Umsetzer die eigentliche Quantisierung und
Codierung vornimmt. Am Ausgang des Umsetzers erscheint nach einer bestimmten Zeit das Signal in codierter Form.

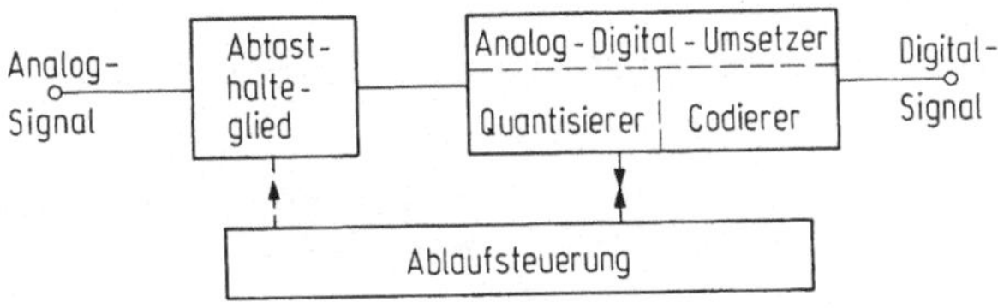

1.8. Prinzipieller Aufbau eines Analog-Digital-Umsetzers

Die Aufgabe der Analog-Digital-Umsetzung besteht also in einer zeitlichen und amplitudenmäßigen Quantisierung des vorher kontinuierlichen
Signals mit anschließender Codierung. Wenn nichts anderes gesagt ist,
wird duale Codierung vorausgesetzt. Wird das Ausgangssignal so normiert, daß die kleinste Amplitudenstufe den normierten Wert q = 1 annimmt, so erhält man die Form:

$$s = b_{n-1} \cdot 2^{n-1} + b_{n-2} \cdot 2^{n-2} + \ldots + b_k \cdot 2^k + \ldots + b_0 \cdot 2^0$$

b_{n-1} ist die höchstwertige (MSB = Most Significant Bit), b_0 die nied-
rigstwertige (LSB = Least Significant Bit) Stelle. Die Koeffizienten
b_k können den Wert 0 oder 1 annehmen. Die wesentliche Aufgabe besteht
in der Bestimmung der n Stellen des Codewortes. Der gesamte Meßbereich
umfaßt die Werte $0 \leq m\,q \leq 2^n - 1$, hat also 2^n Werte.

Oft wird s auch so normiert, daß die Stelle höchster Wertigkeit das
Gewicht 2^{-1} erhält. Diese Darstellung geht aus der obigen durch Division mit 2^n hervor, die Koeffizienten b_k bleiben gleich.

Abtasthalteglieder werden in Abschnitt 5 behandelt, Abschnitt 3 befaßt
sich mit den Umsetzungsverfahren. Die Ablaufsteuerung wird exemplarisch anhand von Ausführungsbeispielen gezeigt.

1.5 Schrifttum zu Abschnitt 1

1.1 Special issue on microprocessor technology and applications.
     Proc. IEEE 64 (1976) 6

1.2 Knoblock, D.E.; Loughry, D.C.; Vissers, Ch.A.: Insight into
     interfacing. IEEE spec. 12 (1975) 5, 50-57

1.3   Horelick, D.; Larsen, R.S.: CAMAC: a modular standard. IEEE spec.
      13 (1976) 4, 50-55

1.4   Hoeschele, D.F.: Analog to digital/digital to analog conversion
      techniques. New York: John Wiley & sons 1968

1.5   Schmid, H.: Electronic analog/digital conversions. New Y ork: Van
      Nostrand Reinhold Comp. 1970

1.6   Sheingold, D.H.: Analog-digital conversion handbook. Norwood:
      Analog Devices 1972

1.7   Busse, G.: AD- und DA-Umsetzer in der Meß- und Datentechnik (Stu-
      fenumsetzer). Bad Wörishofen: Erwin Geyer 1971

1.8   Lange, W.-R.: Digital-Analog/Analog-Digital-Wandlung. Elektronik
      in der Praxis. München: R. Oldenbourg 1974

1.9   Steinbuch, K.: Taschenbuch der Nachrichtenverarbeitung. 2. Aufl.
      Berlin, Heidelberg, New York: Springer 1967

1.10 Dokter, G.F.; Steinhauer, J.: Digitale Elektronik in der Meßtech-
      nik und Datenverarbeitung. Band II: Anwendung der digitalen Grund-
      schaltungen und Gerätetechnik. Hamburg: Philips Fachbücher 1970

1.11 Tietze, U.; Schenk, Ch.: Halbleiter-Schaltungstechnik. 3. Aufl.
      Berlin, Heidelberg, New York: Springer 1974

1.12 Best, R.E.: Eine Systemtheorie der DA- und AD-Converter und ihre
      Anwendung auf die Konstruktion schneller AD-Converter. Disserta-
      tion Nr. 4785. Zürich: Eidgen. Techn. Hochschule 1971

1.13 Euler, K.: Neue Prinzipien zur Analog-Digital-Umwandlung und de-
      ren optimale Auslegung. Frequenz 17 (1963) 10, 364-370

1.14 Pretzl, G.: Analog-Digital-Umsetzer. Eine Produkt- und Literatur-
      übersicht. Elektronik 25 (1976) 12

2. Zusammenstellung theoretischer Grundlagen

In diesem Abschnitt soll die Rede sein vom Zusammenhang zwischen dem
zeitlichen Abstand der Stichproben und dem vom Analogsignal belegten
Frequenzband, sowie von dem Fehlergeräusch, das durch die Quantisierung hervorgerufen wird. Dazu kommen einige Zusammenhänge, die den
Übergang vom Zeit- in den Frequenzbereich und umgekehrt erleichtern.

Die digitale Signaldarstellung bedeutet, daß eine kontinuierliche,
über der Zeit verlaufende Spannung u(t) entsprechend Bild 2.1a durch
Stichproben ersetzt wird (zeitliche Quantisierung), deren Höhe nur
eine begrenzte Anzahl von Werten annehmen kann (Amplitudenquantisierung). Die eingehende Behandlung der Zusammenhänge ist Gegenstand der
Signal- und Systemtheorie [2.1] . An dieser Stelle geht es nur um die
Zusammenstellung einiger wichtiger Gegebenheiten, deren Kenntnis im
Zusammenhang mit der Auslegung von Analog-Digital-Umsetzern notwendig
oder nützlich ist.

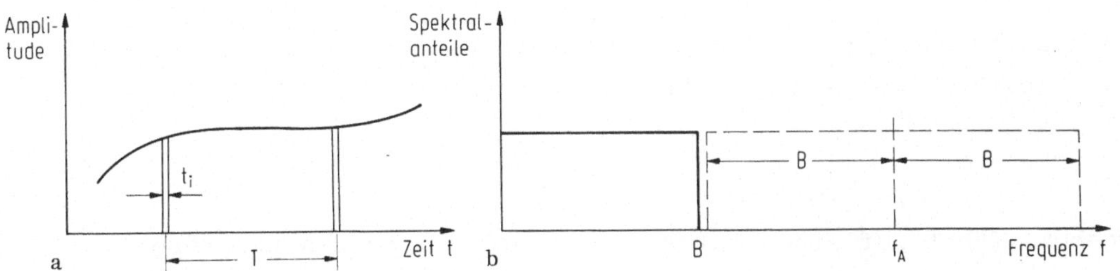

2.1a,b. Ersatz einer kontinuierlich verlaufenden Spannung durch Stichproben
a. Zeitliche Zuordnung
b. Spektrum des abgetasteten Signals

Signale sind in der Regel zeitlich veränderliche Größen. Der Abstand,
in dem Stichproben mindestens zu entnehmen sind, um eine wenigstens
theoretisch fehlerfreie Rekonstruktion des Signals zu ermöglichen, ist

gegeben durch das Abtasttheorem. Es besagt, daß Signale, welche im
Spektralbereich (Bild 2.1b) eine Bandbreite B belegen, abzutasten sind
in einem Abstand

$$T \leqq \frac{1}{2B} \quad .$$

Das heißt, die Frequenz der Abtastimpulse ist doppelt so hoch wie die
Bandbreite B des Signals. Anschaulich gesprochen entstehen durch die
Abtastung oberhalb des Bandes B des ursprünglichen Signals weitere
Spektralanteile, die sich von der Abtastfrequenz und deren Vielfachen
nach oben und unten um die Bandbreite B erstrecken. Damit nun keine
Überlappung der Spektralanteile eintritt, welche eine spätere Trennung
unmöglich macht, muß offensichtlich gelten

$$f_A = \frac{1}{T} \geqq 2B \quad ,$$

was auf die bereits oben angegebene Beziehung hinausläuft. Um eine Überlappung der Signalspektren zu vermeiden, muß durch Vorschaltung eines
Tiefpasses vor das Abtasthalteglied in Bild 1.8 dafür gesorgt werden,
daß das Signal vor der Abtastung auf die Bandbreite B begrenzt ist.

Die Breite der Abtastimpulse ist hierbei zu $t_i \rightarrow O$ angenommen. Was für
$t_i \neq O$ zu beachten ist, wird im Zusammenhang mit den Abtasthaltegliedern (siehe Kapitel 5.2) besprochen werden.

Die Amplitudenquantisierung mit m Stufen der Größe Q, die insgesamt
den Signalbereich (S und Q sind Spannungen)

$$S = m \, Q$$

ergeben, führt auf einen Informationsverlust, da das ursprüngliche
Signal bestenfalls bis auf $\pm$ Q/2 wiedergewonnen werden kann. Man wird
deswegen m genügend groß wählen müssen, damit die hierdurch bedingten
Signalverzerrungen in zulässigen Grenzen bleiben. Es wäre denkbar, das
durch die Quantisierung verursachte Rauschen gleich demjenigen anderer
vorhandener Rauschquellen zu machen. Ob diese Forderung zu scharf ist,
muß im jeweiligen Einzelfall geprüft werden.

Vielfach ist es wichtig, den Signal/Geräuschabstand angeben zu können.
Dazu ist die Kenntnis der mittleren Rauschleistung der quantisierten
Stufen der Größe Q notwendig. Wird die Quantisierungskennlinie so ge-

legt, daß im Bereich der Quantisierungsstufe Q alle Werte gleich häufig sind und der maximale Fehler $\pm$ Q/2 beträgt, so ist an einem Widerstand der Größe R die Rauschleistung

$$P_R = \frac{Q^2}{12R}$$

zu messen [2.1]. Der Signal/Geräuschabstand V hängt nun davon ab, welcher Wert des Signals als Bezugsgröße genommen wird. Bezeichnet man diese Bezugsleistung mit P_S, so ergibt sich V in dB (= dezibel) zu:

$$\frac{V}{dB} = 10^{10}\log \frac{P_S}{P_R} \quad .$$

Umfaßt der Signalbereich nur Werte einer Polarität, wie etwa beim Helligkeitswert des Fernsehsignals, so ist deren Spitzenwert $S = m\,Q$ und $P_S = \frac{(mS)^2}{R}$, so daß sich ergibt

$$\frac{V_{Sp}}{dB} = 20 \cdot 10^{10}\log m + 10,8 \quad .$$

m läßt sich wegen $m = 2^n$ durch einen Binärcode mit n Stellen darstellen, so daß auch gilt:

$$\frac{V_{Sp}}{dB} = 6n + 10,8 \quad .$$

Ist das Signal sinusförmig mit dem Mittelwert Null, so ist der Spitzenwert $U = \frac{m\,Q}{2}$ und der Effektivwert $U_{EFF} = \frac{m\,Q}{2\,\sqrt{2}}$, so erhält man

$$\frac{V_{sin}}{dB} = 6n + 1,8 \quad .$$

Für Signale, die wie zum Beispiel Sprache, einen Effektivwert haben, der um rund 15 dB unter dem Spitzenwert liegt, liegt V um ca. 13 dB unter dem Wert für V_{sin}.

Dies ist zu berücksichtigen, wenn man z. B. den Klirrfaktor k angibt, der sich bei Gleichverteilung des Signals im gesamten Bereich (Dreieckspannung) und den obigen Annahmen für die Ermittlung der Leistung P_R ergibt zu [2.1]

$$k = \sqrt{\frac{P_R}{P_S}} = \frac{1}{\sqrt{m^2 - 1}} \approx \frac{1}{m} \text{ für } m \gg 1 \quad .$$

Für Sprache mit m = 32 würde sich ein Klirrfaktor von ca. 3 % ableiten
lassen. In Wirklichkeit ist dieser Klirrfaktor bei dieser Stufenzahl
weitaus höher, da der Effektivwert der Sprache weit unter dem Spitzenwert liegt.

Ein nützlicher Zusammenhang bei der Umrechnung vom Zeit- in den Frequenzbereich ist der zwischen Anstiegszeit t_A und Grenzfrequenz f_g
[2.2]. t_A ist hierbei lt. Bild 2.2 die Zeit zwischen 10 % und 90 % des
Endwertes im zeitlichen Verlauf, f_g ist die Frequenz, bei der die Übertragungsfunktion lt. Bild 2.3 um 3 dB, d. h. um den Faktor $\sqrt{2} = 0,707$
gegenüber dem Wert bei tiefen Frequenzen $f \rightarrow 0$ bei einem Tiefpaßsystem
abgefallen ist.

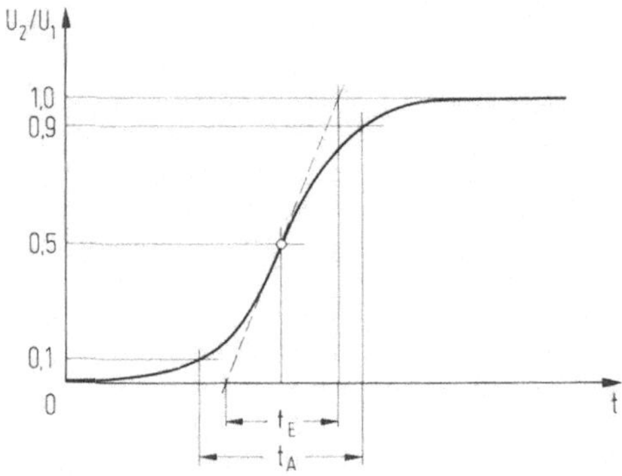

2.2. Zur Definition der Anstiegszeit t_A und der Einschwingzeit t_E

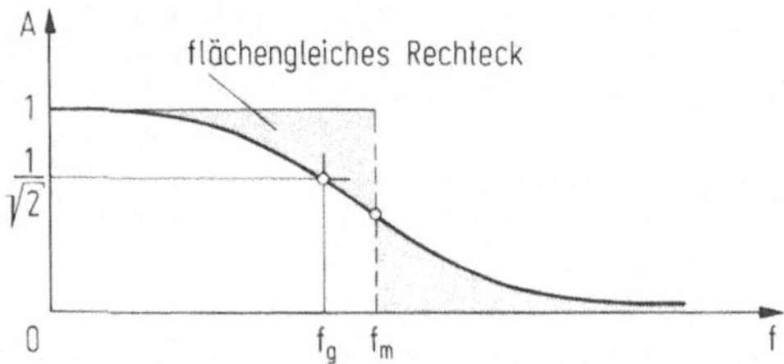

2.3. Zur Definition der mittleren Bandbreite f_m und der Grenzfrequenz f_g

Die Systemtheorie liefert bei linearem Verlauf der Phase über der Frequenz $\varphi = 2\pi t_0 \, f$, t_0 = Laufzeit, die Beziehung

$$t_E = \frac{1}{2 \, f_m} \quad ,$$

wobei t_E die Einschwingzeit bedeutet und f_m die mittlere Bandbreite.
t_E ist gegeben durch die Schnittpunkte der Tangente im Punkt 0,5 mit

dem Wert Null und dem Endwert, f_m ist gegeben durch ein Rechteck mit der gleichen Fläche wie die unter der Kurve des Übertragungsfaktors A zwischen $0 < f < \infty$, wobei die Höhe des Rechtecks gleich dem auf Eins normierten Wert von A für $f \to 0$ ist. In der Praxis ist der Frequenzgang bis zu sehr hohen Frequenzen nicht leicht zu bestimmen und daher f_m schwer zu gewinnen. Nimmt man zweckmäßigerweise einen Verlauf des Übertragungsfaktors nach der Gauss'schen Funktion

$$A = e^{-0,35 \, (\frac{f}{f_g})^2}$$

an, so ist $f_g = 0,665 \, f_m$ und es ergibt sich mit $t_A = 1,02 \, t_E$ die Beziehung

$$t_A = \frac{1}{3 \, f_g} \quad .$$

Der genaue Wert ist bei Gauss'schem Verlauf um etwa 2 % größer. Selbst bei einem RC-Glied kommt die Anstiegszeit t_A der Sprungantwort mit der Näherungsformel nur um 5 % zu klein heraus.

Bei rückwirkungsfreier Kettenschaltung von mehreren Gauss'schen Tiefpässen gilt wegen der Multiplikation der Übertragungsfunktionen

$$\frac{1}{f_{ges}} = \sqrt{(\frac{1}{f_{g1}})^2 + (\frac{1}{f_{g2}})^2}$$

insbesondere bei Kettenschaltung von n gleichen Vierpolen ist

$$f_{ges} = \frac{f_g}{\sqrt{n}} \quad .$$

Für die Anstiegszeiten erhält man durch Einsetzen entsprechend:

$$t_{A_{ges}} = \sqrt{t_{A1}^2 + t_{A2}^2}$$

und bei gleichen Vierpolen

$$t_{An} = \sqrt{n} \, t_A \quad .$$

Als Beispiel für die Anwendung obiger Beziehung sei erwähnt, daß ein Oszillograph mit einer Bandbreite von 100 MHz, d. h. einer Anstiegszeit von 3,3 ns Impulse mit einer Anstiegszeit von 5 ns an seinem Eingang auf dem Bildschirm mit einer Anstiegszeit von 6 ns anzeigt. Ferner läßt sich folgern, daß ein Anzeigefehler von 5 % eingehalten wird, wenn die Sprungantwort des Oszillographen um den Faktor 3 kleiner ist als die Anstiegszeit der zu messenden Größen.

Weitere, mehr spezifische Grundlagen werden in Verbindung mit den betreffenden Abschnitten bzw. Schaltungen angeführt.

2.1 Schrifttum zu Abschnitt 2

2.1   Hölzler, E.; Holzwarth, H.: Pulstechnik. Berlin, Heidelberg, New York: Springer 1975

2.2   Wolf, H.: Über den Zusammenhang zwischen Bandbreite und Anstiegszeit. Elektronik 12 (1963) 10, 303-308

3. Verfahren zur Analog-Digital-Umsetzung

3.1 Einteilung der Verfahren

Je nach den Merkmalen, die herangezogen werden, ergeben sich verschiedene mögliche und gebräuchliche Einteilungen der Umsetzerverfahren und Bauformen. Zu bevorzugen wären Merkmale, die sich gegenseitig ausschließen, so daß Eindeutigkeit erzielbar ist. Eine derartige Einteilung erfordert jedoch häufig bereits eingehende Kenntnisse, um den Sinn der Merkmalwahl erkennen und sie handhaben zu können [3.1]. Letztere Überlegung gibt den Ausschlag zugunsten der gewählten, welche sich an der Struktur der Umsetzer orientiert und, wie wir sehen werden, weitgehende Eindeutigkeit gewährleistet. Demnach wird zwischen den Parallel- oder Direktverfahren, den Kaskadenverfahren und den zyklischen Verfahren unterschieden.

Diese Einteilung entspricht gleichzeitig im wesentlichen einer gebräuchlichen Einteilungsform in parallele, sequentiell-parallele und rein sequentielle Verfahren. Davon abgesetzt sind aus Gründen der übersichtlichen Gliederung die indirekten Verfahren und eine Reihe von Sonderformen, die eine gewisse eigenständige Bedeutung, z. B. in der Nachrichtentechnik, erlangt haben. In der Zusammenfassung am Ende des Kapitels wird der Versuch einer Zuordnung zu anderen möglichen Einteilungsprinzipien unternommen.

3.2 Das Parallel- oder Direktverfahren

Das Prinzip werde anhand der Messung der unbekannten Länge X einer Latte erläutert, wobei der kleinste Quantisierungsschritt den normierten Wert $q = 1$ habe. Auf einem Maßstab der Länge $m \cdot q$ sind alle Werte gleichzeitig vorhanden und man liest in einem Meßschritt den nächstliegenden vollen Wert ab (Bild 3.1). Es genügt also $i = 1$ Vergleichsschritt, man benötigt aber, was für die elektrische Realisierung von Wichtigkeit ist, insgesamt mindestens $(m-1)$ Vergleichsnormale im Abstand $q = 1$ und hat gleichzeitig den Vergleich mit allen möglichen Werten vorzunehmen, ein erheblicher Aufwand. Da eine Messung zur Bildung aller Stellen des Codewortes ausreicht, ist im angelsächsischen Sprachraum auch die Bezeichnung "word-at-a-time" für das Verfahren üblich.

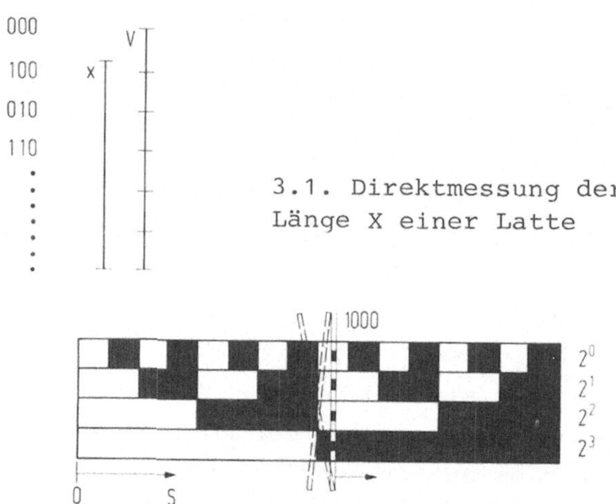

3.1. Direktmessung der Länge X einer Latte

3.2. Streckenlängencodierer als Beispiel für die direkte Umsetzung

Auf eine Fehlermöglichkeit bei diesem Verfahren sei hingewiesen. Baut man z. B. einen sog. Streckenlängencodierer, der eine Länge im Dualcode mißt, bei dem auf einem Lineal in Längsrichtung ebenso viele Segmente parallel nebeneinander aufgebracht sind, wie der Code Stellen hat, im Beispiel also h = 4 (Bild 3.2), und schwärzt die Segmente dort, wo die zugehörige Stelle im Code mit "1" eingeht bzw. macht sie dort durch Metallisierung leitend und legt eine Spannung an die Segmente an, dann kann man mit Hilfe einer optischen oder elektrischen Abtastung einen zu einer bestimmten Länge gehörigen Wert der Codestellen sofort ablesen. Ist jedoch die Ableseeinrichtung leicht verkantet gegen die Querrichtung (gestrichelt), so kann z. B. beim Übergang an der höchstwertigen Stelle ein Fehler bis zur halben Größe des Meßbereiches, nämlich "0000" oder "1111" entstehen. Entsprechende Gegenmaßnahmen bestehen z. B. in einem einschrittigen Code, bei dem sich aufeinanderfolgende Werte des Codes nur in einer Stelle unterscheiden. Ein solcher Code ist der Gray-Code, wie er im Zusammenhang mit der Codierröhre besprochen wird.

3.2.1 Die Codierröhre

Die Codierröhre ist eine Verwirklichung des Parallelverfahrens für sehr hohe Umwandlungsraten in der Größenordnung von bis zu 10 MHz. Sie wurde ursprünglich eigens für diesen Zweck konzipiert [3.2].

Den Aufbau einer Codierröhre zeigt Bild 3.3a. Er gleicht weitgehend dem einer Kathodenstrahlröhre. Abweichend von der üblichen Anordnung hat der Elektronenstrahl die Form einer flachen Klinge, deren Ausrichtung im Bild horizontal anzunehmen ist. Anstelle des Bildschirms sind zwei hintereinanderliegende Platten angebracht, von denen die kathodenseitige die sogenannte Codeplatte (Bild 3.3b) darstellt und die schirmseitige Auffangplatte (Bild 3.3c) die Segmente zur Aufnahme des hinter der Codeplatte ankommenden Elektronenstroms trägt.

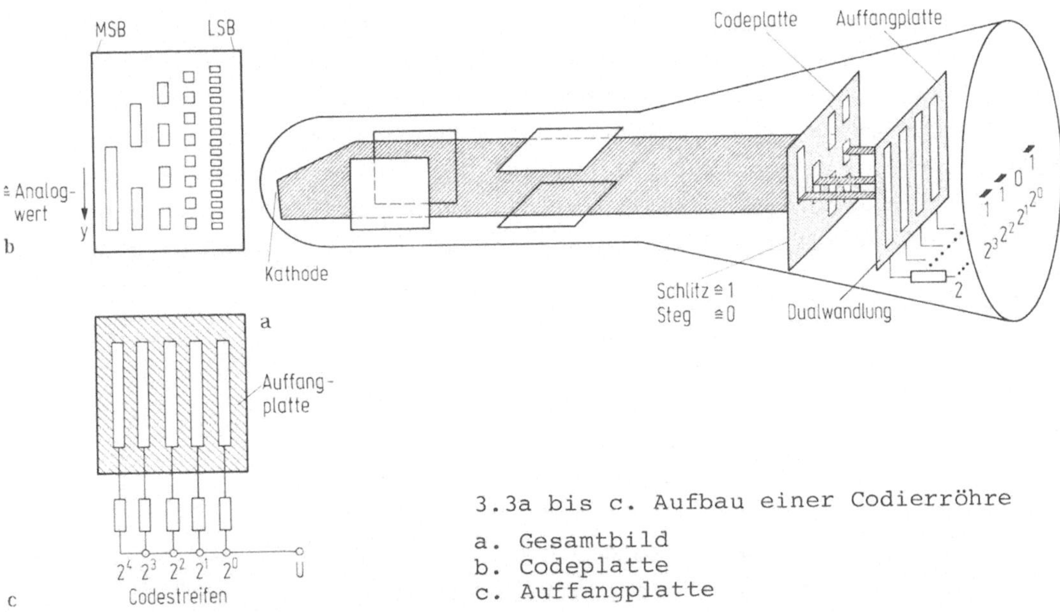

3.3a bis c. Aufbau einer Codierröhre

a. Gesamtbild
b. Codeplatte
c. Auffangplatte

Die zu codierende Analogspannung wird an die senkrechten Ablenkplatten der Röhre angelegt und der Elektronenstrahl dadurch mehr oder weniger nach oben bzw. unten ausgelenkt. Der Wert der Analogspannung bildet sich auf diese Weise auf einen Ort längs der Codeplatte ab. Bringt man nun in der Codeplatte eine dem Dualcode entsprechende Anordnung von Schlitzen an, wobei die Zahl der horizontal nebeneinanderliegenden Streifen die Anzahl von Stellen und die innerhalb eines Streifens liegenden Aussparungen dem Wert 1 in der betreffenden Stelle entsprechen, so bekommt man auf den Streifen der dahinterliegenden Auffangplatte gerade als Strom den dual codierten Analogwert der unbekannten Spannung. Der Elektronenstrahl übernimmt hierbei die Rolle der Bürsten des bereits im Abschnitt 3.2 beschriebenen Streckenlängen-Codierers, wobei sich der geringen Trägheit wegen die Bewegung des Elektronenstrahls anstelle derjenigen der Codiersegmente empfiehlt.

Wie beschrieben, ist die Codierung sehr empfindlich auf eine geringe Schräglage des klingenförmigen Strahls gegenüber der waagrechten Richtung: Der Übergang von Eins nach Null und umgekehrt würde an der falschen Stelle erfolgen, insbesondere würde sich in der Mitte der Codeplatte bei leichter Schräglage im ungünstigsten Fall ein Fehler von der Größe des halben Meßbereichs ergeben. Aus diesem Grund verwendet man eine Codeplatte, welche einem einschrittigen Code entspricht, bei dem sich bei Änderung des Signals um eine Quantisierungsstufe immer nur eine Stelle des Code ändert. Ein solcher Code ist z. B. der sogenannte Gray-Code, dessen Werte für vier Stellen in Bild 3.4 dem Dualcode gegenübergestellt sind. Er wird auch reflektierter Binärcode genannt, weil seine Werte sich durch Spiegelung der Stellen mit niedrigem Gewicht am Null/Eins-Übergang der nächsthöheren Stelle des Dualcode ergeben. Hieraus geht hervor, daß die Stelle höchster Wertigkeit im Dual- und im Graycode gleich sind. Der Graycode ist zum Rechnen nicht geeignet, da die üblichen Rechenregeln nicht anwendbar sind.

DEZIMAL	DUAL	GRAY
0	0 0 0 0	0 0 0 0
1	0 0 0 1	0 0 0 1
2	0 0 1 0	0 0 1 1
3	0 0 1 1	0 0 1 0
4	0 1 0 0	0 1 1 0
5	0 1 0 1	0 1 1 1
6	0 1 1 0	0 1 0 1
7	0 1 1 1	0 1 0 0
8	1 0 0 0	1 1 0 0
9	1 0 0 1	1 1 0 1
10	1 0 1 0	1 1 1 1
11	1 0 1 1	1 1 1 0
12	1 1 0 0	1 0 1 0
13	1 1 0 1	1 0 1 1
14	1 1 1 0	1 0 0 1
15	1 1 1 1	1 0 0 0

3.4. Vergleich von dezimaler, dualer und Gray-Codierung

Bei der Umwandlung des Gray-Code in den Dualcode bedient man sich der logischen Verknüpfung "Exklusiv ODER", d. h. der Beziehung

$$E = (E_1 \wedge \overline{E}_2) \vee (\overline{E}_1 \wedge E_2) \quad ,$$

welche die Wertetabelle entsprechend Bild 3.5a ergibt.

Eine Schaltung zur Umwandlung eines vierstelligen Gray-Code in den Dualcode zeigt Bild 3.6 unter Verwendung des Schaltungssymbols entsprechend Bild 3.5b.

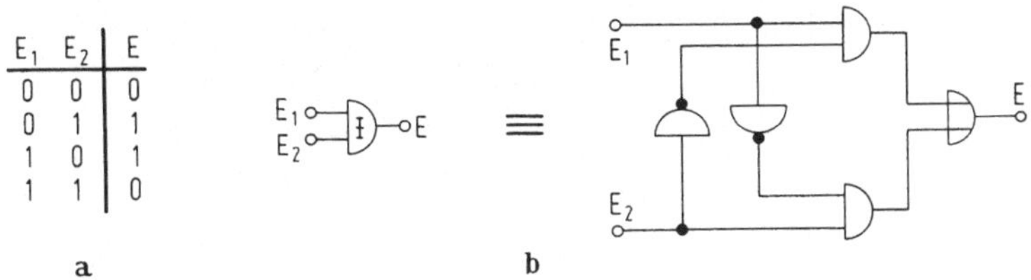

3.5a,b. Die "Exklusiv Oder"-Verknüpfung

a. Wertetabelle
b. Aufbau aus Grundgattern

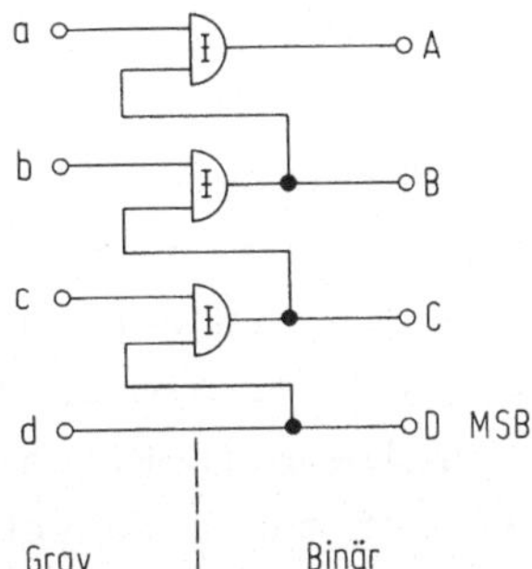

3.6. Schaltung zur Umwandlung des Gray-Code in den Dualcode

Analog-Digital-Umsetzer sind häufig Teile von Systemen, in denen ausschließlich Schaltungen der Halbleiterelektronik eingesetzt werden. Die Codierröhre stellt hier ein fremdartiges Bauelement dar und ist deswegen mehr oder weniger nur noch von historischem Interesse.

3.2.2 Parallelumsetzer mit Spannungsvergleich

Ein elektrisches "Lineal" mit linear abgestuften Vergleichswerten im Abstand einer Quantisierungsstufe kann man sich durch eine Kette von gleichen Widerständen R verschaffen, welche an eine Referenzspannung U_{REF} angeschlossen sind und somit vom gleichen Strom durchflossen werden. Wie in Bild 3.7 gezeigt, ist der Vergleichseingang einer Kette von

Komparatoren K_1 bis K_{m-1} an die Abgriffe zwischen den Widerständen gelegt, die anderen Eingänge sind parallel geschaltet und über einen Trennverstärker mit der unbekannten Spannung U_X verbunden.

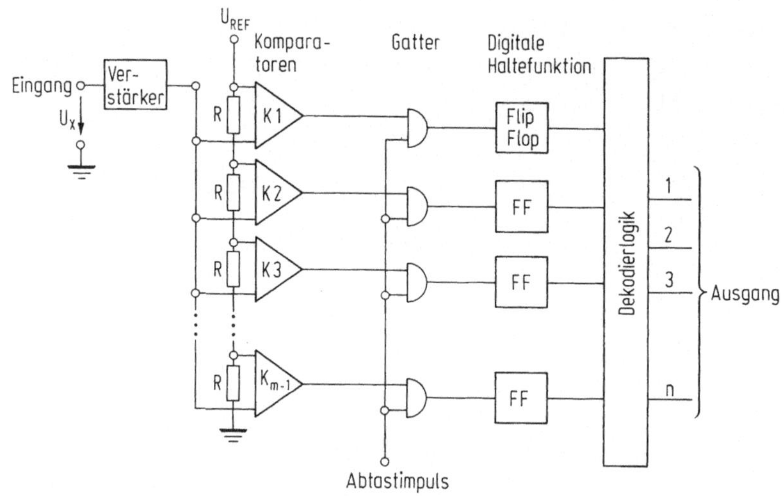

3.7. Blockschaltbild eines Parallelumsetzers mit Spannungsvergleich

Die Ausgänge der Komparatoren, deren Vergleichsspannung am Abgriff der Widerstandskette kleiner ist als die zu messende Spannung, zeigen eine logische "1", alle anderen eine "0". Zu den durch die Abtastimpulse gegebenen Zeiten werden diese Werte über die am Ausgang der Komparatoren angeschlossenen "UND"-Gatter in die Flip-Flops übernommen und von der darauf folgenden Decodierlogik auf den gewünschten Code umgesetzt. Beim Dualcode ist die Zahl der Stellen n = ld m.

Der Aufwand zeigt sich in der großen Zahl der notwendigen Komparatoren, Gatter und Speicherstufen. Bei großer Stufenzahl wachsen außerdem die Anforderungen an den Verstärker, der sowohl statisch als auch dynamisch die parallelen Eingänge der Komparatoren zu speisen hat, wie auch an die Komparatoren, die bei gegebenem Aussteuerbereich eine immer größere Empfindlichkeit aufweisen müssen, bzw. umgekehrt bei gegebener Empfindlichkeit einen größeren Hub des Signals erforderlich machen und in Verbindung damit auch entsprechende hohe Gleichtaktaussteuerbarkeit besitzen müssen.

Wird der Umsetzer mit davorgeschaltetem Abtasthalteglied (s. Kapitel 5.2) betrieben, so ist der prinzipielle Fehler des Parallelverfahrens durch die monoton ansteigenden Vergleichsspannungen der Widerstandskette rein statisch vermieden, dynamisch muß eine genügend große Verzögerung zwischen der Entnahme der Signalstichprobe durch das Abtasthalteglied und der Übernahme der Komparatorausgangszustände in die Speicherstufen sein, damit die Einstellung aller Komparatoren mit Sicherheit beendet ist. Wird die Schaltung,wie in Kapitel 5.2.4 näher beschrieben, ohne analoges Abtasthalteglied vor dem Verstärker betrieben und die Abtastung des Signals über den Abtastimpuls an den UND-Gattern vorgenommen, so sind, wie weiter unten gezeigt, besondere Vorkehrungen zu treffen, um Fehler durch die unterschiedliche Einstellzeit der Komparatoren zu vermeiden.

Es ist anzunehmen, daß mit fortschreitendem Stand der Integrationstechnik eine große Anzahl von Komparatoren auf einem Halbleiterchip untergebracht werden können. Angekündigt sind Bausteine mit 16 Komparatoren. Bisher ausgeführte Geräte bedienen sich hybrider Techniken, d. h. verbinden mehrere Bausteine in Verbindung zum Beispiel mit Dickfilmsubstraten [3.3]. Eine solche Lösung wurde auch für einen A-D-Umsetzer mit 7 bit und 30 MHz Abtastfrequenz realisiert, wobei ein Dickfilmsubstrat der Größe 20 mm x 25 mm jeweils 8 Komparatoren und 8 Gatter trägt. Als Decodierlogik wird ein sog. "voltage adressable read only memory" (VAROM) eingesetzt, das 128 Worte zu je 7 bit in Form von Dioden auf einem Isolationssubstrat (SOS-Technik) als Verbindungselemente im Festwertspeicher enthält. Die Adressierung des Speichers erfolgt durch eine logische Eins, welche den Spannungswert kennzeichnet. Ihr Zustandekommen zeigt Bild 3.8, bei dem die zwei Eingänge der den Komparatoren folgen-

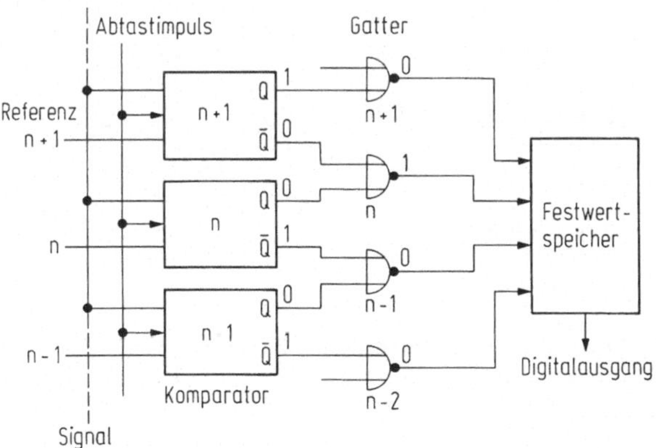

3.8. Bildung der Speicheradresse für den Festwertspeicher mittels NOR-Gattern

den NOR-Gatter jeweils mit dem Q-Ausgang eines Komparators und dem $\overline{Q}$-Ausgang des darüberliegenden verbunden sind. Auf diese Weise erscheint die logische Eins nur am Ausgang desjenigen Gatters, das gerade an dem

untersten Komparator mit dem Wert Q = 1 und dem obersten mit dem Wert
Q = O angeschlossen ist (wachsende Werte der Vergleichsspannung von
oben nach unten). Die Abtastfunktion ist in die Komparatoren verlegt
(s. Kapitel 5.3).

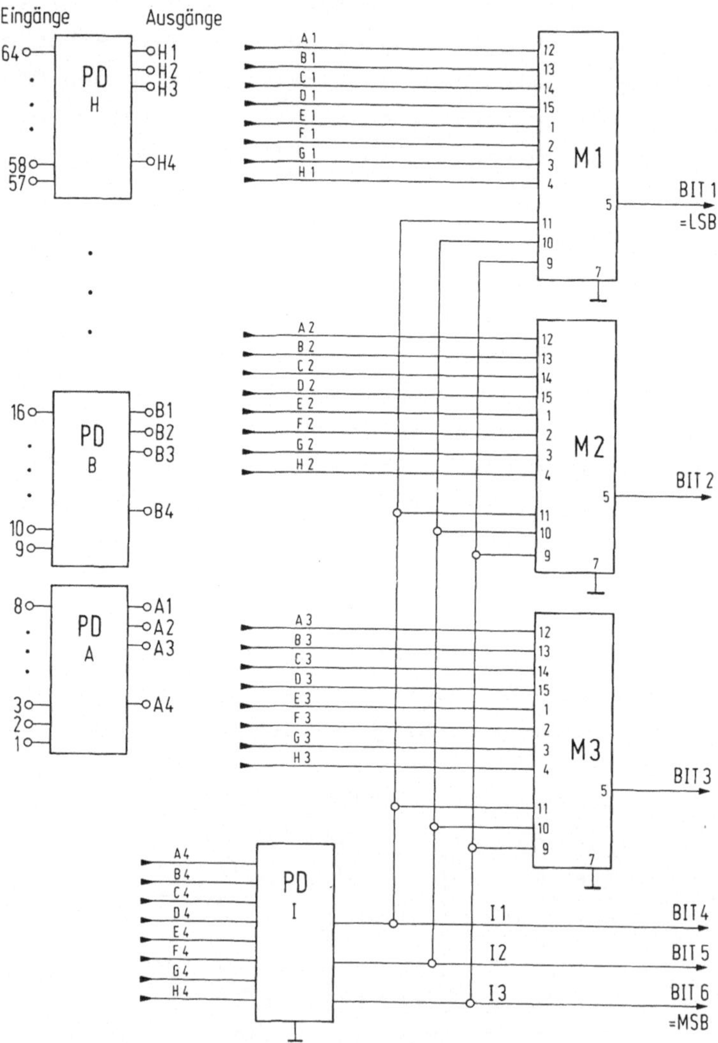

3.9. Schaltung zur Decodierung der Komparatoreingänge mittels Standardbausteinen unter Berücksichtigung der Einstellzeit der Komparatoren

Ein anderer Weg zur Verwirklichung eines Parallelumsetzers mit 6 bit
Auflösung und einer Wortfolgefrequenz von 20 MHz mittels käuflicher
Standardbausteine wurde von Tietze [3.4] gewählt. Als Komparatoren sind
solche in Schottky-TTL-Technik vom Typ NE 521 (Signetics) verwendet,
die Speicher sind TTL-Bausteine der 74er Serie. Bis zum Ausgang der

Speicher-Flip-Flops entspricht der Entwurf dem Bild 3.7. Die Decodierlogik trägt der Besonderheit der unterschiedlichen Einstellzeit der
Komparatoren im dynamischen Betrieb als digitales Absthalteglied Rech-
nung: Beziffert man die Ausgänge der Komparatoren entsprechend einer
von unten nach oben wachsenden Vergleichsspannung mit wachsenden Zahlen, so wird nur diejenige Eins ausgewertet, welche vom Komparator mit
der größten Zahl stammt. Darunter liegende Nullwerte von langsameren
Komparatoren werden ausgeschieden.

Die Verwirklichung gelingt durch Einsatz der Prioritätsdecoder vom TTL-
Typ 74148 mit 8 Eingängen entsprechend Bild 3.9. Zum Anschluß der 64
Speicherausgänge werden 8 solcher Decoder PD A bis PD H gebraucht. Am
Ausgang 4 des jeweiligen Decoders entsteht 1, wenn überhaupt ein Ein-
gang auf 1 liegt, an den Ausgängen 1 bis 3 entsteht die dual codierte
Adresse des höchstbezifferten Eingangs, der auf 1 ist. Alle Vierer-Aus-
gänge werden auf die Eingänge eines weiteren Prioritätsdecoders PD I
geführt, der an seinen Ausgängen J1 bis J3 die drei höchstwertigen
Dualstellen des Meßwertes liefert. Sie dienen gleichzeitig für die Ad-
resseneingänge 9 bis 11 der Multiplexer M1 bis M3 zur Angabe der Leitungen, auf denen die drei niedrigstwertigen Dualstellen zu finden sind.
Zu diesem Zweck sind die mit 1 numerierten 8 Ausgänge der Prioritäts-
decodierer PD A bis PD H an die 8 Eingänge des Multiplexers M1, die mit
2 numerierten an M2 und die mit 3 numerierten an M3 geführt.

Messungen haben die Überlegenheit des Konzeptes bezüglich fehlerfreier
Codierung insbesondere bei hohen Taktfrequenzen bewiesen.

3.2.3 Parallelumsetzer mit Stromvergleich

Ein nicht unerheblicher Teil des Aufwandes für den Parallelumsetzer mit
Spannungsvergleich steckt im Vorverstärker, welcher die parallel lie-
genden Eingänge der Komparatoren zu speisen hat. Insbesondere bei hohen
Frequenzen und wachsender Anzahl stellen sie eine beträchtliche kapa-
zitive Last dar. Um diese Schwierigkeit zu umgehen, wurde in [3.5] der
Strom als informationstragende Analoggröße gewählt. Bild 3.10 zeigt das
Prinzipschaltbild des Parallelumsetzers für ein Beispiel mit m = 8 un-
terscheidbaren Werten. Für die Ströme in den einzelnen Zweigen gilt:

$$i_1 = i_2 + I_{0/8} = i_x - I_{0/8} \qquad\qquad i_5 = i_6 + I_{0/8} = i_x - 5I_{0/8}$$

$$i_2 = i_4 + I_{0/4} = i_x - I_{0/4} \qquad\qquad i_6 = i_4 - I_{0/4} = i_x - 3I_{0/4}$$

$$i_3 = i_2 - I_{0/8} = i_x - 3I_{0/8} \qquad\qquad i_7 = i_6 - I_{0/8} = i_x - 7I_{0/8}$$

$$i_4 = \qquad\quad = i_x - I_{0/2}$$

24

I_0 ist der maximale Analogwert. Die Ströme i_1 bis i_7 werden durch Widerstände geleitet und mit Komparatoren bezüglich Null verglichen. Die Vergleichswerte schließen im Abstand von 1/8 des Meßbereichs aneinander an. Um hohe Ansprüche an die Empfindlichkeit der Komparatoren zu umgehen, ist bei Teilung des Stroms jeweils ein Stromspiegel SS mit einer Verstärkung 2 vorgesehen.

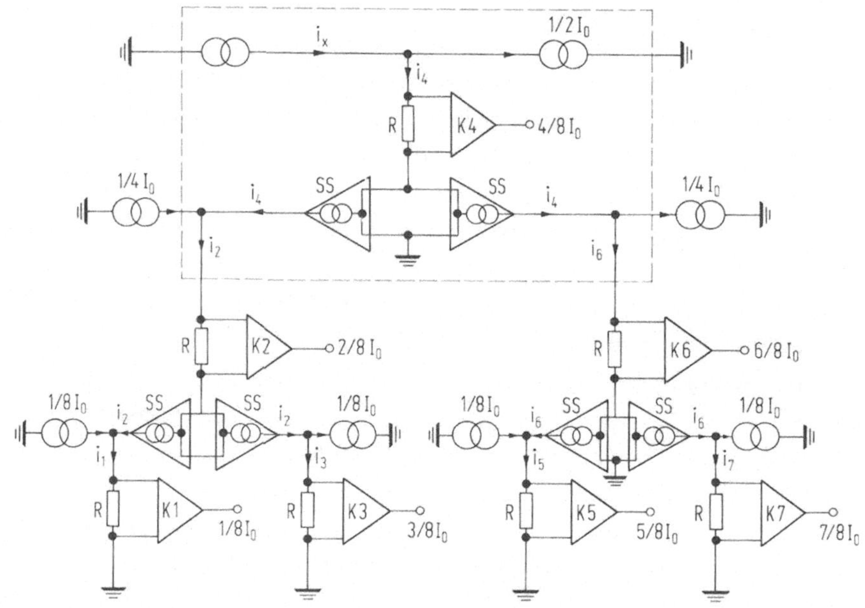

3.10. Schaltbild eines Parallelumsetzers mit Stromvergleich für m = 8 Werte

An einem experimentellen Aufbau wurde bei einer Auflösung von 4 bit eine Wortfolgefrequenz von 37 MHz erreicht.

3.3 Kaskadenverfahren

3.3.1 Einleitung

Es handelt sich hierbei um Verfahren, bei denen das zu codierende Signal zeitlich nacheinander eine Reihe von Blöcken durchläuft (Bild 3.11). Die Gesamtzahl n aller Stellen des Code wird aufgeteilt, wobei n = $n_1 + n_2 + \ldots + n_k + \ldots + n_i$, und im Block k gerade n_k Stellen gebildet werden. Im Grenzfall ist n_k = 1. Gemeinsam und charakteristisch für alle diese Verfahren ist, daß der Meßbereich im ersten Block in eine Anzahl von 2^{n_1} gröber gestuften Teilbereiche unterteilt wird und die zu messende Spannung zuerst einem der Teilbereiche zugeordnet wird. Dessen unterer Grenzwert wird anschließend vom Signal abgezogen, weswegen Best [3.1] diese Verfahren auch "postsubtraktiv" nennt. Diese Aufteilung wird in den weiteren Blöcken verfeinert und jeweils nur noch der verbleibende Rest weitergeleitet: Der Meßwert wird sukzessiv eingegrenzt. Auf diese Weise kommt ein günstiger Kompromiß zwischen Aufwand und Geschwindigkeit zustande.

D_1 $\quad$ D_2 $\quad$ D_k $\quad$ D_i

U_x — n_1 — Rest 1 → n_2 — Rest 2 → n_k — $\cdots$ — n_i

3.11. Blockschaltbild eines Umsetzers nach dem Kaskadenverfahren

Im angelsächsischen Sprachgebrauch finden sich Bezeichnungen wie "Cascade", "Propagation" oder "Sequential-Parallel" Analog-Digital-Umsetzer.

Die Kaskadenverfahren lassen sich, wie im folgenden gezeigt wird, als eine Erweiterung des Parallel- oder Direktverfahrens auffassen.

3.3.2 Kaskadenverfahren als Erweiterung des Direktverfahrens

Es sei zunächst wieder auf das Problem der Messung der unbekannten Länge X einer Latte zurückgegriffen. Bei der Erweiterung des Direktverfahrens geht man von dessen Nachteil, nämlich der Vielzahl der benötigten Normale aus. Erhöht man auf $i = 2$ Schritte und bildet im ersten Schritt m' Grobstufen und teilt diejenige Grobstufe, in der die unbekannte Länge X liegt, im zweiten Schritt in m" Feinstufen, so hat man eine Gesamtauflösung entsprechend $m = m' \cdot m''$, wobei sich die Zahl der Normale auf $N = (m'-1) + (m''-1)$ verringert. Im Beispiel von $m = 256 = 2^8$ läßt sich nun eine ganze Reihe von Faktorisierungen angeben. Die Zahl der Normale wird minimal für $m' = m'' = 16$, nämlich $N = 30$.

In Verallgemeinerung des Verfahrens geht man von $i = 1$ auf i Schritte, wobei

$$m' \cdot m'' \cdot m''' \cdot \ldots m^{(i)} = m \quad .$$

Die Zahl der Normale wird

$$\sum_{k=1}^{i} (m^{(k)} - 1) \quad .$$

Die Größe der Stufung im ersten Schritt ergibt sich zu $\frac{m}{m'}$, im zweiten Schritt $\frac{m}{m'} \cdot \frac{1}{m''}$, im i-ten Schritt ist die Stufengröße wieder gleich der kleinsten Quantisierungseinheit.

Die Zahl der Normale wird minimal, wenn alle m' gleich groß werden, d. h. bei

$$m' = m'' = m^{(i)} = \sqrt[i]{m} \; .$$

Die Zahl der Normale wird in diesem Fall

$$N = i\,(m^{(i)} - 1) \quad .$$

Häufig ergibt die $\sqrt[i]{m}$ keine ganze Zahl. Man schreibt dann zweckmäßigerweise

$$m = 2^{(n_1 + n_2 + n_3 + \ldots + n_i)} \quad ,$$

wobei

$$n = n_1 + n_2 + n_3 + \ldots + n_i \quad .$$

Bei minimaler Zahl von Normalen ist die Bedingung

$$\sum_{k=1}^{i} n_k \overset{!}{=} \text{Minimum}$$

zu erfüllen.

Am Beispiel von m = 256 sei gezeigt, daß die Vergrößerung der Zahl der Schritte letztlich auf Unterteilungen in jeweils zwei Bereiche pro Block führt. Wir wählen zunächst i = 4 Schritte. Damit wird $\sqrt[i]{m} = 4$, d. h. m' = m'' = m'" = m"" = 4. Die Zahl der Normale reduziert sich auf N = 4·3 = 12.

Verdoppeln wir im nächsten Durchgang die Zahl der Schritte auf i = 8, so ist die $\sqrt[i]{m} = 2$, d. h. die Stufung verfeinert sich von Schritt zu Schritt gerade um den Faktor 2. In diesem Fall ist i = ld m = n, der Zahl der Stellen des Dualcode. Dieses Verfahren bezeichnet man auch als das "Wägeverfahren", worauf noch in Kapitel 3.5.1 eingegangen wird. Es kann als gemeinsamer Durchschnitt der Kaskaden- und zyklischen Verfahren sowohl post- als auch präsubtraktiv realisiert werden.

Tabelle 3.1 stellt die bei den verschiedenen Schrittzahlen i und minimaler Zahl der Normalen erreichbaren Werte zusammen.

Tabelle 3.1: Beispiele für den Zusammenhang zwischen der Zahl der Normale und der Zahl der Schritte für m = 256

Schritte i	Stufenzahl $m^{(i)}$	Normale
1	256	255
2	16	30
4	4	12
8	2	8

Wie bereits erwähnt, erlauben Kaskadenumsetzer eine Optimierung bezüglich Aufwand und Geschwindigkeit. Bereits 1963 wurde ein Umsetzer angegeben [3.6], der bei einer Abtastfrequenz von 50 MHz eine Auflösung von 6 bit besitzt.

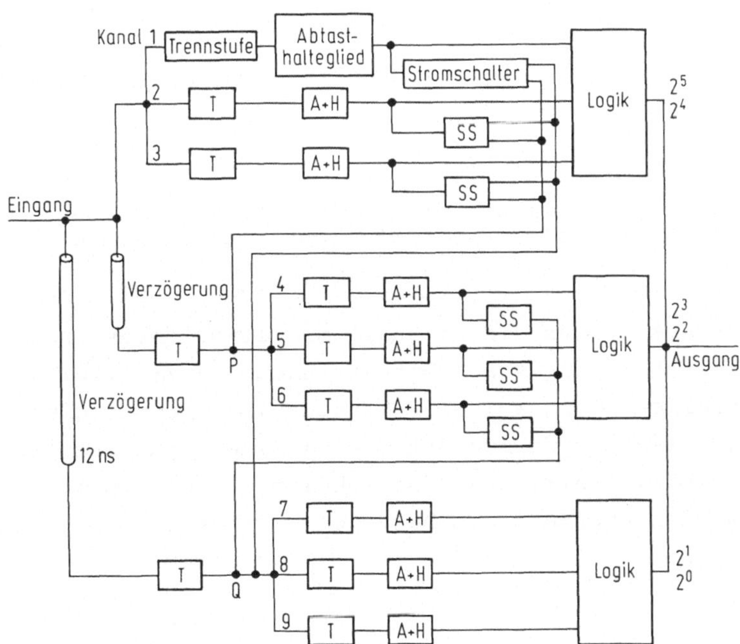

3.12. Blockschaltbild eines Kaskadenumsetzers laut [3.6]

Bild 3.12 zeigt das Blockschaltbild. Der Umsetzer besteht aus einer Kaskade von 3 Blöcken, von denen jeder 2 bit in jeweils 6,6 ns bildet. Das Signal, das den 3 Blöcken parallel zugeführt wird, wird durch Leitungen verzögert. Als informationstragende Größe wird der Strom verwendet, da als Komparatoren und Zwischenspeicher Tunneldioden eingesetzt sind

(Bild 3.13a). Zur Subtraktion der Grobstufen dienen Stromschalter. Die
Spannungs-Strom-Umsetzung, die Trennung der parallelen Eingänge sowie
die Leistungsanpassung bewirken Transistoren in Basisschaltung mit Vor-
widerständen (Bild 3.13b). Durch die Kaskadenstruktur geht die Zahl der
Komparatoren von 63 auf 9 zurück.

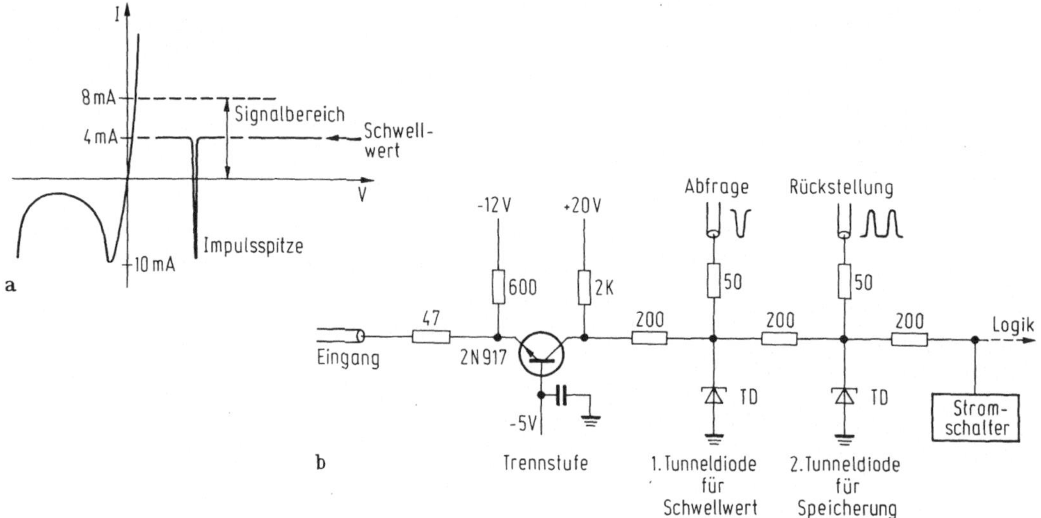

3.13a,b. Einzelheiten zu Bild 3.12.
a. Aussteuerung der als Komparator verwendeten Tunneldiode
b. Schaltung von Trennstufe, Komparator und Speicherstufe

Einen Kaskadenumsetzer für Videosignale mit einer Abtastfrequenz von
10 MHz und einer Auflösung von 7 bit hat Hanke [3.7] verwirklicht. Von
den 100 ns entfallen 90 ns auf die Umsetzung, 10 ns auf die Aufladung
des Abtasthalteglieds. Er verwendet ebenfalls eine dreistufige Kaskade mit 2 bit, 2 bit, 3 bit. Das Blockschaltbild zeigt Bild 3.14. Als
Komparatoren werden ebenfalls Tunneldioden verwendet. Die Umsetzung
von der Haltespannung in einen proportionalen Strom besorgen Differenzverstärker.

3.3.3 1 Bit pro Block-Kaskade

Die geringste Anzahl von Normalen erhält man beim Kaskadenverfahren,
wenn pro Schritt mit einem Komparator pro Block zwischen zwei Teilbe-
reichen unterschieden wird. Die Zahl der Blöcke wird gleich der Zahl
der Schritte i und diese gleich der Zahl n der Stellen des Dualcode,
d. h. also i = n = ld m.

Eine derartige Struktur wurde von B. D. Smith vorgeschlagen [3.8]. Sie ist in Bild 3.15 dargestellt und besteht aus gleichen Blöcken, von denen zwei gezeichnet sind. Die Eingangsspannung U_k für den Block k liegt irgendwo innerhalb des Meßbereiches A > O. Ein 1Bit-A-D-Umsetzer, der im wesentlichen aus einem Komparator und einer Vergleichsspannung mit dem Wert A/2 besteht, entscheidet, ob die Spannung U_k in der unteren oder oberen Hälfte des Meßbereiches liegt und gibt entsprechend an der Klemme für den digitalen Ausgangswert D_k eine Null oder Eins ab.

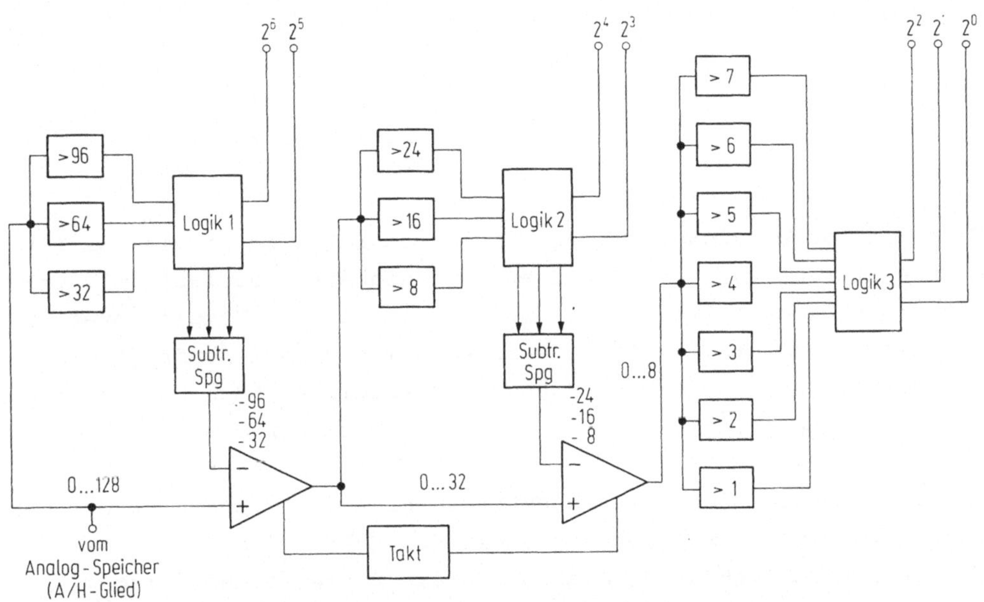

3.14. Blockschaltbild eines Kaskadenumsetzers laut [3.7]

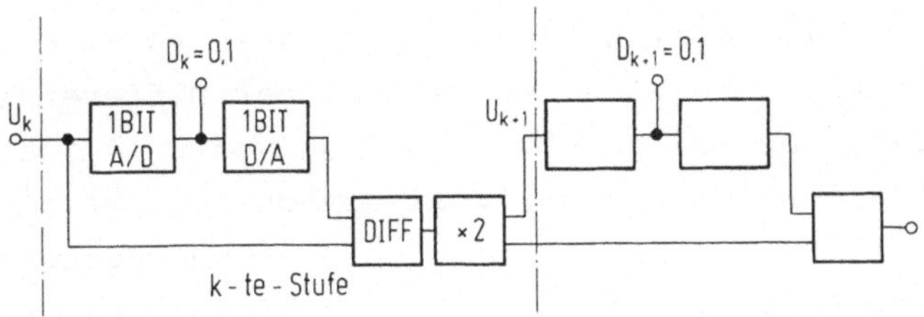

3.15. Kaskaden mit 1 bit pro Block laut [3.8]

Dieser digitale Wert wird über einen 1Bit-D-A-Umsetzer in den analogen Bereich zurückverwandelt und von U_k in einer Differenzschaltung abgezogen. Durch anschließende Verstärkung um den Faktor 2 kommt die Spannung U_{k+1} gerade wieder in den Bereich O bis A zu liegen. Die Übertragungsfunktion läßt sich wie folgt ausdrücken:

$$U_{k+1} = 2(U_k - D_k \, A/2) \quad .$$

Sie ist in Bild 3.16 veranschaulicht.

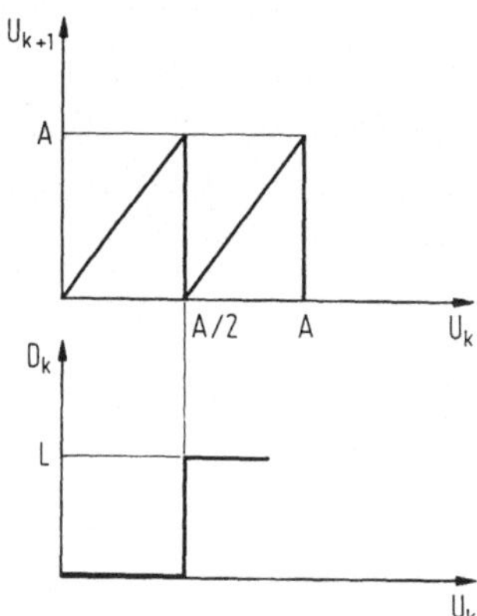

3.16. Übertragungskennlinie
einer Stufe aus Bild 3.15.

Als Vorteile lassen sich anführen: Es werden für alle Stellen gleich aufgebaute Stufen benötigt (Erweiterungsfähigkeit, Modularität). Innerhalb eines Blockes treten nur einfache Bausteine (Komparatoren, Vergleichsspannung etc.) auf. Es wird kein Taktsignal benötigt. Vom Prinzip her sind keine Zeitbedingungen zu erfüllen. Nach Durchlauf des Signals liegt die Information in paralleler Form vor.

Dem stehen folgende Nachteile gegenüber: Der Amplitudenfehler der Vergleichsspannung wird in jeder Stufe mit dem Faktor 2 multipliziert. Die Anforderungen insbesondere an die erste Stufe steigen also mit der Anzahl der Stellen.

Bei genauerem Hinsehen ist die Einhaltung von Zeitbedingungen notwendig. Liegt z. B. U_k im Bereich $A/2 < U_k < 3/4 \, A$, so wird der Komparator D_{k+1} auf "1" gehen, solange der Eingang der Differenzstufe noch kein Signal erhält, das aus der Rückwandlung von $D_k = 1$ abgeleitet ist. Er wird zurückschalten, wenn das Signal den oberen Zweig der k-ten Stufe durchlaufen hat. Um nun ein mehrfaches Hin- und Herschalten der Komparatoren zu vermeiden, wird man sie bistabil auslegen. Da sie dann nicht mehr zurückschalten, wenn sie einmal auf "1" gesetzt sind, muß ein Laufzeitausgleich im unteren Weg zum Differenzverstärker vorgesehen werden. Auch ein Überschwingen des Verstärkers kann Codierfehler verursachen und muß deswegen verhindert werden. Um ganz sicherzugehen, ist vorgeschlagen worden, zwischen aufeinanderfolgenden Stufen jeweils einen Zwischenspeicher für das Restsignal in Form eines Abtasthaltegliedes einzubauen (s. Kapitel 5.2).

3.3.4 Kaskadenwandler nach dem Gray-Code

Die in Abschnitt 3.3.3 angegebene Kennlinie einer Stufe einer Kaskade
zur Analog-Digital-Umsetzung nach dem Dualcode ist nicht die einzige
mögliche für einen Code, der mit n Stellen 2^n Werte darstellen kann.
Durch spezielle Umordnung ergibt sich zum Beispiel der sogenannte Gray-
Code (s. Abschnitt 3.2.1), der, wie wir sehen werden, auch zu einer
vorteilhaften Kaskadenstruktur führt.

Legt man den Meßbereich symmetrisch zur Nullinie, so liefert der Vergleich mit der Spannung Null die höchstwertige Stelle des Dualcode und
damit auch die erste Stelle für den Gray-Code. Die nächste Stelle ge-
winnt man durch Spiegelung des Dualcode am 0/1-Übergang der ersten
Stelle. Diese Codierungsvorschrift ist durch eine Übertragungskennlinie
einer Stufe eines Kaskadenwandlers von der Form

$$u_2 = -2 \, |u_1| + U_R,$$

mit u_1 = Eingangsspannung der Stufe,

       u_2 = Ausgangsspannung der Stufe,

       U_R = konstante Referenzspannung von der Größe des halben Meß-
             bereichs,

zu verwirklichen. Die zugehörige Kennlinie von typischer V-Form und
Symmetrie zum Wert $u_X = 0$, welche die Spiegelung des Code wiedergibt,
zeigt Bild 3.17. Ohne die Verschiebung entspräche die V-Kennlinie der
Funktion eines Doppelweg-Gleichrichters. Durch Hintereinanderschaltung
weiterer Stufen mit der gleichen Übertragungsfunktion ergeben sich die
weiteren Stellen des Gray-Code, wie am Beispiel einer weiteren dritten
Stelle in Bild 3.17 gezeigt ist.

Das Blockschaltbild eines Kaskadenwandlers nach dem Gray-Code zeigt
Bild 3.18. Jeder mit ü gekennzeichnete Block hat eine Übertragungsfunktion entsprechend obiger Gleichung. Die Vergleichsgröße für alle
Komparatoren ist der Wert Null. Eine Digital-Analog-Umsetzung und Differenzbildung wie beim Kaskadenverfahren nach dem Dualcode ist nicht
nötig. Das Verfahren benötigt keinen Takt, arbeitet also asynchron.
Demnach wartet man nach Anlegen der Eingangsspannung $u_X = u_1$ einfach
ab, bis der letzte Komparator seine Entscheidung getroffen hat. Da das
Signal jedoch alle Stufen hintereinander durchlaufen muß, und die Ampli-

tuden aufeinanderfolgender Abtastwerte sich erheblich unterscheiden können, werden an die Einschwingzeit des einzelnen Blockes mit wachsender Stufenzahl größere Anforderungen gestellt.

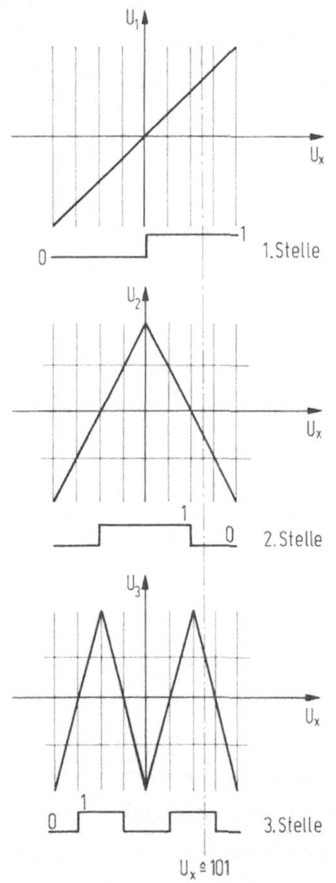

3.17. Übertragungskennlinie für den Gray-Code

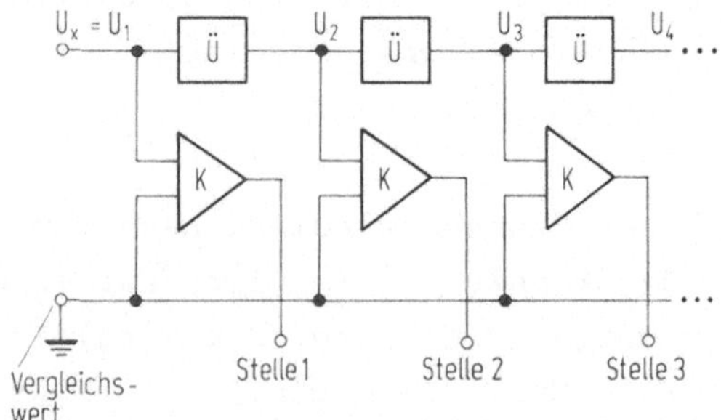

3.18. Blockschaltbild eines Kaskadenumsetzers nach dem Gray-Code

Es erhebt sich die Frage, auf welche Weise sich die Übertragungsfunktion nach dem Gray-Code verwirklichen läßt. Die bekanntgewordenen elektronischen Realisierungen gehen von einer stückweise linearen Zusammen-

setzung aus, wobei der Knick durch entsprechend eingefügte nichtlineare
Elemente dargestellt wird. Grundsätzlich geeignet ist jede Schaltung
zur Doppelweg-Gleichrichtung; es darf jedoch nicht verkannt werden,
daß zusätzlich zur Funktion des Doppelweg-Gleichrichters Anforderungen
an die Genauigkeit, Linearität und Geschwindigkeit zu stellen sind. Im
folgenden sollen einige Beispiele von Schaltungsrealisierungen besprochen werden.

V-Kennlinie mit Operationsverstärker

Eine Schaltung für eine Stufe mit der gewünschten V-förmigen Übertragungskennlinie mit Hilfe von Dioden und zwei Operationsverstärkern
zeigt Bild 3.19. Der gestrichelt eingerahmte Teil hat eine Kennlinie
entsprechend Bild 3.20. Für $u_k > O$ ist die Diode D_1 leitend, der Gegen-

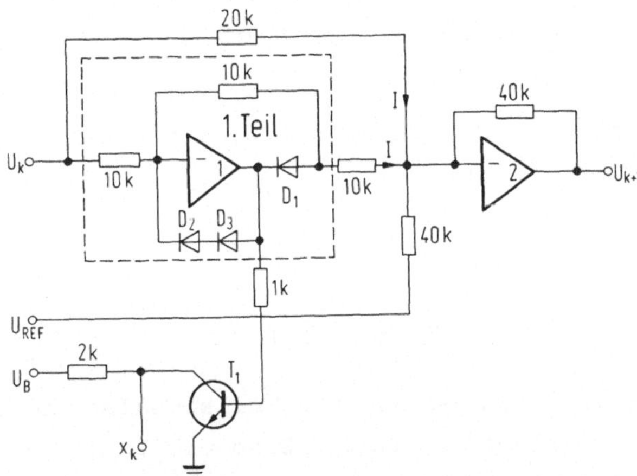

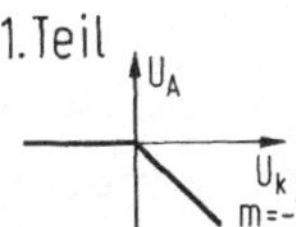

3.19. Realisierung der V-Kennlinie
mit Operationsverstärkern

3.20. Teilkennlinie
der Schaltung aus Bild 3.19

kopplungszweig über den oberen Widerstand R also geschlossen, die Verstärkung ist wegen des gleichgroßen Vorwiderstandes also -1, was die
Steigung m = -1 der Kennlinie ergibt. Für $u_k < O$ sperrt die Diode D_1,
da die Ausgangsspannung des invertierenden Operationsverstärkers positiv wird; die Ausgangsspannung bleibt also Null, wobei der Gegen-
kopplungskreis über die Dioden D_2, D_3 geschlossen ist. Der an den Ausgang des Operationsverstärkers angeschlossene Transistor T_1 übernimmt
die Funktion des Komparators. Er wird für $u_k < O$ durchgeschaltet, so
daß $X_k = O$ wird, wenn man positive Logik zugrundelegt. Umgekehrt wird
T_1 gesperrt für $u_k > O$ und $U_{Xk} = U_B$, d. h. $X_k = 1$.

Die Kennlinie des eingerahmten Teils wird durch den zweiten Operationsverstärker entsprechend der Größe der Widerstände um den Faktor -4 multipliziert. Der Ast für u_k < O bleibt auf Null, derjenige für u_k > O
erhält eine Steigung von m = +4, diesem überlagert sich eine lineare
Kennlinie mit der Steigung m = -2, herrührend von dem oberhalb des eingerahmten Teils eingezeichneten Widerstandes 2 R, dazu kommt eine Verschiebung um einen konstanten Wert $-U_{REF}$ nach unten über den Widerstand
4 R. Der gemeinsame Summationspunkt ist der Eingang des zweiten Opera-

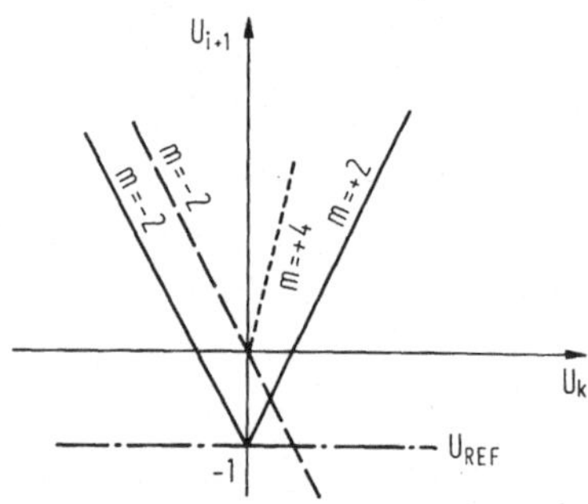

3.21. Übertragungskennlinie
der Schaltung aus Bild 3.19.

tionsverstärkers. Insgesamt ergibt sich die in Bild 3.21 dargestellte
Übertragungskennlinie, die formelmäßig lautet:

$$u_k < O: \quad u_{k+1} = -2\,u_k - U_{REF}$$

$$u_k > O: \quad u_{k+1} = -2\,u_k + 4\,u_k - U_{REF} = 2\,u_k - U_{REF}$$

Das Ausgangssignal kommt also durch Überlagerung von Teilsignalen zustande, welche verschiedene Wege durchlaufen haben. Sind die Laufzei-
ten bzw. Phasendifferenzen der einzelnen Pfade nicht gleich, so ergeben
sich Abweichungen in der Gesamtkennlinie, was insbesondere bei höheren
Frequenzen der Fall ist. Die Schaltung erfüllt ihre Aufgabe also nur
bei relativ niedrigen Frequenzen.

Eine andere Realisierung auf der Basis eines Übertragers mit mehreren
Wicklungen, welche im übrigen geringe Anforderungen an die verwendeten
Bauelemente stellt, wird in [3.9] beschrieben. Es wurde dabei eine Ge-
nauigkeit von 12 bit bei einer Umwandlungszeit von 50 µs erreicht.

Symmetrischer Umsetzer für den Gray-Code

Der Ansatzpunkt für die im folgenden zu beschreibende Verwirklichung
der V-Kennlinie ist der Mangel des oben beschriebenen Verfahrens, bei
dem das Signal eine unterschiedliche Anzahl von Verstärkerstufen durch-

läuft und deshalb nur bei niedrigen Frequenzen eine formgetreue Kennlinie für den Gray-Code zu erreichen ist. Zur Abhilfe schlug Waldhauer [3.10] eine symmetrische Struktur vor, welche im Gegentakt betrieben wird, wodurch alle Signalanteile eine gleiche Anzahl von Stufen zu durchlaufen haben und außerdem die Differenzbildung zur Erzeugung des Wertes 2 für die Verstärkung vermieden wird.

Eine Stufe ist in Bild 3.22 gezeigt. Sie besteht aus zwei Operationsverstärkern, deren Beschaltung durch Widerstände eine Stromverstärkung vom Betrag 2 ergibt, wobei die Dioden für den Kennlinienknick verantwortlich sind. Informationstragende Größe ist der Strom, vor dem Eingang der ersten Stufe wird die erdunsymmetrische Analogspannung in einen gleich- und einen gegenphasigen Strom gewandelt, was im Bild durch die spannungsgesteuerte Stromquelle $i_1 = gu_1$ und die Gegentaktstufe angedeutet ist. i_{1P} ist der gleichphasige Anteil des Stroms, i_{1M} der gegenphasige Anteil. Zur Beschreibung der beiden Signalpfade sind pro Stufe zwei Übertragungskennlinien I und II notwendig.

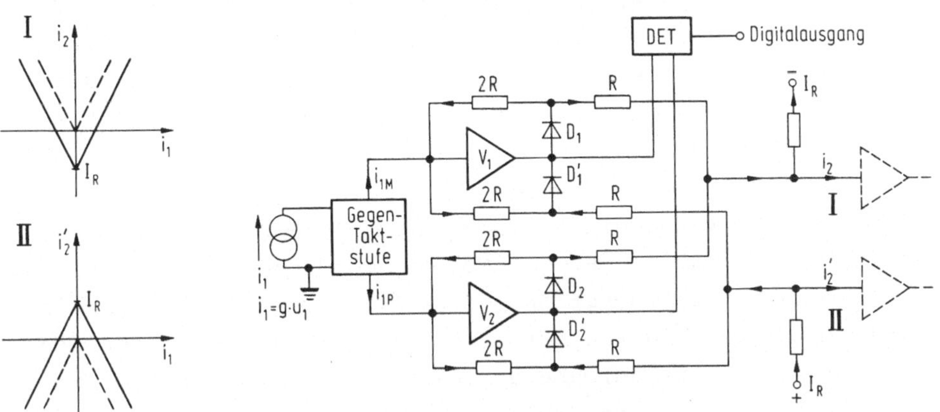

3.22. Symmetrische Realisierung der V-Kennlinie laut [3.10]

Für $i_1 > 0$ ist $i_{1P} > 0$. Die Ausgangsspannung des Operationsverstärkers V_2 wird negativ, der Strom fließt über die Diode D_2' in den Operationsverstärker und erzeugt über den Widerstand 2R einen Spannungsabfall $2R\,i_{1P}$, wodurch in dem ebenfalls an der Anode der Diode D_2' liegenden Widerstand R, dessen zweite Klemme an der virtuellen Masse des unteren Operationsverstärkers der nächsten Stufe liegt, der Strom $2i_{1P} = 2i_1$ hervorgerufen wird. Behält man die Orientierung für den Strompfeil i_{2II} wie in der ersten Stufe bei, so ergibt sich $i_{2II} = -2i_1$ (für $i_1 > 0$). Für $i_1 > 0$ ist $i_{1M} < 0$, d. h. der Ausgang des Operationsverstärkers V_1 wird positiv, der Strom fließt über die Diode D_1 aus dem Ausgang des

Operationsverstärkers, wobei infolge der an der Kathode der Diode D_1 eingeprägten Spannung eine Verstärkung des Stroms und eine Vorzeichenumkehr stattfindet, so daß $i_{2I} = -2i_{1M} = 2i_1$ wird.

Für $i_1 < O$ verändern sich die Vorzeichen von i_{1M} und i_{1P}, die Ströme fließen im unteren Teil über die Diode D_2, im oberen Teil über die Diode D_1'. Die Beibehaltung des Vorzeichens, d. h. $i_{2I} > O$ für $i_1 \gtrless O$ bzw. $i_{2II} < O$ für $i_1 \lessgtr O$ kommt nun dadurch zustande, daß die Ausgänge der beiden Verstärker in geeigneter Form zusammengefaßt und auf die Eingänge der nächsten Stufe geführt sind. Die im Bild eingezeichneten Strompfeile verdeutlichen diesen Zusammenhang.

Die notwendige Verschiebung der Kennlinie um den halben Meßbereich wird durch Einspeisung der mit entsprechendem Vorzeichen versehenen Ströme $-I_R$ bzw. $+I_R$ in die Summationspunkte der Operationsverstärker bewerkstelligt.

An den Ausgängen der Operationsverstärker ist ein Komparator DET angeschlossen, der den Vergleich mit dem Spannungswert "O" für jede Stufe durchführt. Seine Eingangsspannung ist $u_D \lessgtr O$ für $i \gtrless O$, wie sich aus obiger Beschreibung für den Verlauf der Strompfade bzw. direkt aus der Umkehrung der Spannung in jedem Operationsverstärker entnehmen läßt.

Schon im Jahre 1962 wurde ein Analog-Digital-Umsetzer für 9 bit und eine Abtastfrequenz von 10 MHz zur Codierung eines Farbfernsehsignals gebaut und erprobt. Die Operationsverstärker bestanden aus Röhrenschaltungen und der Abgleich der Widerstände auf die erforderliche Genauigkeit war eine schwierige Aufgabe angesichts der Tatsache, daß zu dieser Zeit noch keine integrierten Schichttechnologien mit entsprechenden Abgleichmöglichkeiten zur Verfügung standen.

Stufe mit Differenzverstärker [3.11]

Eine Stufe, welche von einem geerdeten Eingang zu einem geerdeten Ausgang die gewünschte Übertragungskennlinie mit geringem Aufwand verwirklicht, zeigt Bild 3.23. Sie besteht im wesentlichen aus zwei Differenzverstärkern, von denen der eine die Transistoren T_1, T_2, der andere die Transistoren T_3, T_4 enthält. T_1, T_2 bilden mit den Widerständen R_E und der Stromquelle I_O einen linearen Differenzverstärker mit der zu u_E gegenphasigen Ausgangsspannung u_{2L} und der gleichphasigen Ausgangsspannung u_{2R}. Die Transistoren T_3, T_4 bilden einen Stromschal-

ter, der im Punkt u_E = O umschaltet, wobei das Umschalten durch die
Rückkopplungswiderstände R_K unterstützt wird, so daß der Bereich, in
dem sowohl T_3 als auch T_4 Strom führen, verschwindend klein wird. Für
u_E > O ist u_{2R}-u_{2L} > O, T_3 sperrt, T_4 führt Strom und wirkt als Emitterfolger. Umgekehrt sperrt T_3 für u_E < O (da u_{2L}-u_{2R} > O), T_3 wirkt
als Emitterfolger. Die Verbindung zum Ausgang erfolgt über die Widerstände R_2, R_1, die gleichzeitig in Verbindung mit den Batteriespannun-
gen und dem Ruhestrom die gewünschte Verschiebung des Kennlinienknicks
erlauben. Der Knick liegt bei

$$U_{AO} = -U_B + \frac{R_1}{R_1+R_2} \; (+U_B - R_{C1} \, I_O/2 - U_{BE3,4})$$

$U_{BE3,4}$ ist die Emitterbasisspannung des jeweils leitenden der Transistoren T_3, T_4.

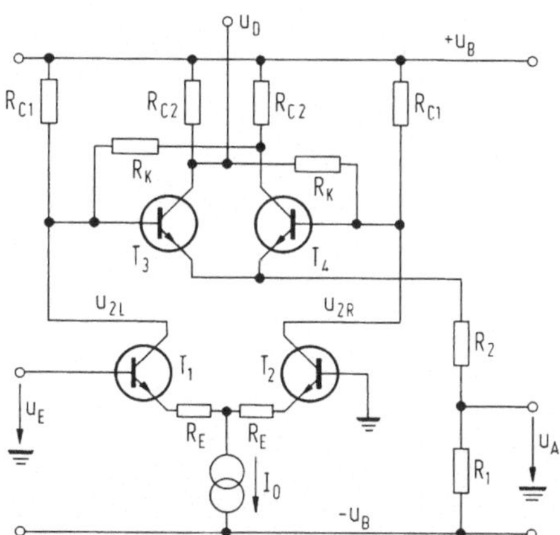

3.23. Realisierung der V-Kennlinie mit Differenzverstärkern laut [3.11]

Die Steigung der Kennlinie ist gegeben durch

$$\frac{du_A}{du_E} = \frac{+}{-} \frac{R_{C1}}{2(R_E+r_e)} \; \frac{R_1}{R_1+R_2} \; , \quad r_e = \frac{u_T}{I_O/2} \; \text{mit } u_T = \text{Temperaturspannung}$$
$$= 26 \text{ mV für Raum-}$$
$$\text{temperatur}$$

wobei das positive Vorzeichen für u > O, das negative Vorzeichen für
u_E < O gilt.

In Bild 3.24 mit der Darstellung des Kennlinienverlaufs ist auch angedeutet, in welcher Weise die Rückkopplung wirkt: Sie vermeidet im wesentlichen eine Ausrundung der Kennlinie u_A = f(u_E) und verbessert auch
die Steilheit des Übergangs der digitalen Ausgangsspannung u_D von ihrem
LOW-Pegel "L" auf den HIGH-Pegel "H".

Der Einfachheit der Schaltung bezüglich ihres grundsätzlichen Aufbaus steht auf der anderen Seite die Tatsache gegenüber, daß die Steigung der Kennlinie abgesehen von R_K und R_{C2} von allen Widerständen der Schaltung abhängt, entsprechendes gilt für die Verschiebung u_{AO}, welche insbesondere nicht unabhängig von der Steigung eingestellt werden kann.

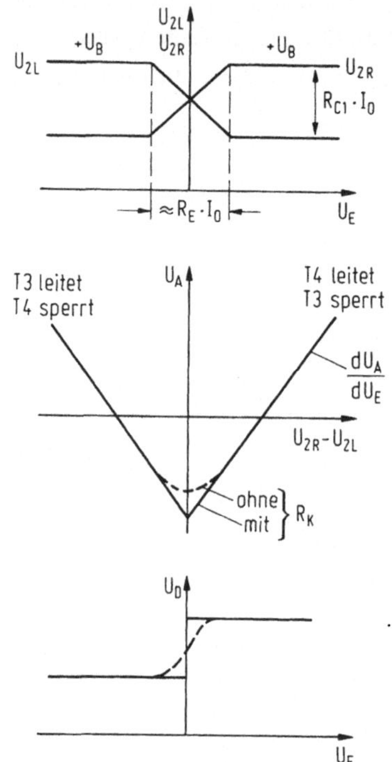

3.24. Kennlinie der Schaltung von Bild 3.23

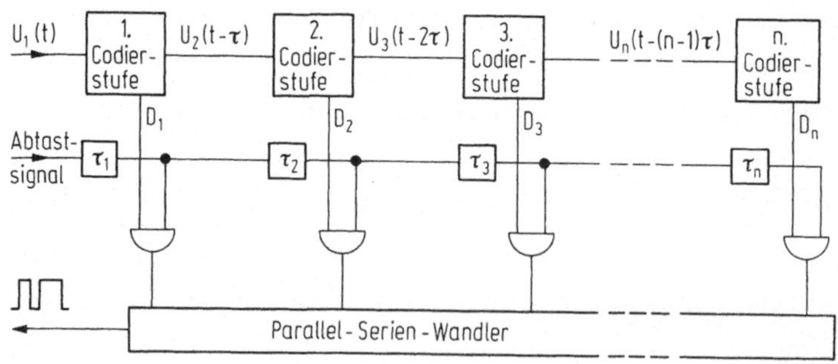

3.25. Blockschaltbild eines Umsetzers mit Stufen laut Bild 3.23.

Ein Analog-Digital-Umsetzer wurde mit fünf gleichartigen Stufen für $n = 6$ bit aufgebaut und gemessen [3.11] (Bild 3.25). Zur Ermöglichung eines Betriebs nach dem fliegenden Abtast-Halteverfahren (s. Abschnitt 5.2.4) wurde der Abtastimpuls jeweils um die Laufzeit durch eine Codierstufe verzögert, so daß die Bildung der einzelnen Stellen des Gray-Codes bezüglich des gemessenen Analogsignals an der gleichen Stelle erfolgt. Dies gelingt wegen der frequenz- und signalabhängigen Laufzeit nicht vollkommen. Bei einer Messung des Verhältnisses des Signals zum Quantisierungsgeräusch war bei 100 kHz bereits ein Abfall um 3 dB festzustellen, d. h. ein Fehler um 1/2 LSB, wohingegen mit einem Abtasthalteglied und ohne die Verzögerungen $\tau_1 \ldots \tau_5$ der Geräuschabstand bis über 1 MHz konstant bleibt.

Eine andere Realisierung für die V-Kennlinie unter Einsatz von Stromschaltern ist für hohe Geschwindigkeiten aus der kernphysikalischen Meßtechnik bekannt geworden [3.12].

3.3.5 Der gestreckte A-D-Umsetzer

Ausgangspunkt ist das im vorigen Abschnitt befindliche Bild 3.11 mit der blockweisen Aufteilung des gesamten Umsetzers, wobei das Meßsignal die einzelnen Blöcke zeitlich nacheinander durchläuft. Infolge der Abhängigkeit der Entscheidung des k-ten Blocks vom Ergebnis der vorherigen Blöcke ist ein Block immer nur für einen begrenzten Zeitabschnitt innerhalb des Abtastintervalls beansprucht. Der Gedanke des gestreckten Codierers ist nun, die Bildung der n Stellen über mehrere Abtastintervalle zu strecken und eine Verlängerung der Zeit für die Bildung eines Codewortes in Kauf zu nehmen zugunsten einer Herabsetzung der Geschwindigkeitsanforderungen innerhalb des einzelnen Blockes. Für viele Anwendungen, wie z. B. in der Videotechnik oder beim Bildfernsprecher, spielt die zusätzliche Verzögerung im Vergleich zur Laufzeit bei der anschließenden Übertragung über große Entfernungen überhaupt keine Rolle.

Bild 3.26 zeigt die grundsätzliche Anordnung des Codierers mit zeitlicher Streckung, wobei zwei Besonderheiten zu vermerken sind: Da der erste Block in jedem Abtastintervall einen neuen Abtastwert übernehmen und verarbeiten muß, ist vor dem zweiten Block und entsprechend vor jedem weiteren Block ein weiteres Abtasthalteglied vorzusehen. Dadurch geht allerdings ein Teil des Zeitgewinns der Streckung wieder verloren. Außerdem fallen die verschiedenen Bits eines Codewortes nicht gleichzeitig an, was eine Speicherung in Form einer Verzögerungsleitung bzw. verschieden langer Schieberegister für jede Stelle erforderlich macht.

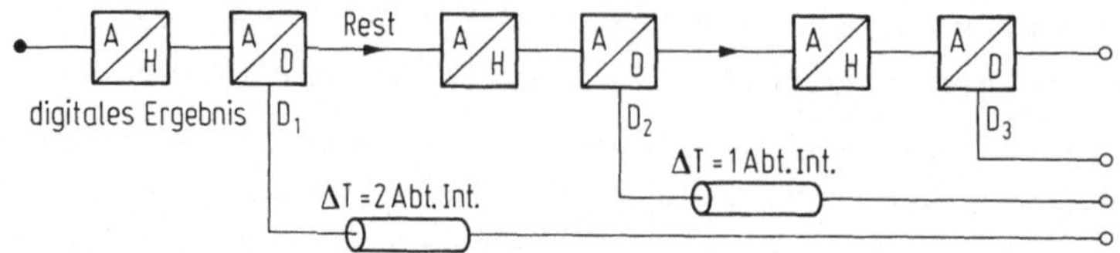

3.26. Blockschaltbild eines Codierers mit zeitlicher Streckung

3.4 Zyklische Verfahren

3.4.1 Einleitung

Als zyklische Verfahren im Sinne der beabsichtigten Einteilung sind
solche einzustufen, welche im Laufe einer Umsetzung immer wieder dieselben Bauelemente verwenden. Im Gegensatz zu den Kaskadenverfahren, bei
denen das Signal von einem Block zum nächsten weiterläuft, läuft das
Signal bei den nunmehr zu besprechenden Verfahren in einer Schleife um.
Sie könnten deswegen auch als Rückkopplungsverfahren bezeichnet werden.
Um eine Verwechslung mit anderen Autoren, welche die Kaskadenverfahren
auch als Verfahren mit "Rückkopplung" einstufen, obwohl es sich um eine
"Vorwärtskopplung" handelt, auszuschließen, wird die Bezeichnung "Zyklische Verfahren" vorgeschlagen. Im Sinne der Einteilung von Best [3.1]
gemeint sind die "postsubtraktiven" Verfahren, bei denen zuerst ein Vergleich und anschließend eine Subtraktion des ersten Schätzwertes erfolgt

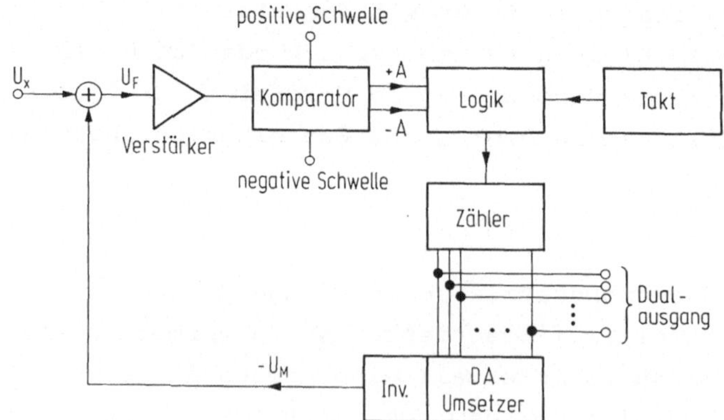

3.27. Blockschaltbild eines zyklischen Analog-Digital-Umsetzers

Die grundsätzliche Struktur eines zyklischen Umsetzers zeigt Bild 3.27.
Die unbekannte Spannung U_X wird verglichen mit einem vorher ermittelten
Schätzwert U_M, woraus eine Fehlerspannung U_F resultiert, welche Anlaß

zu einem neuen, verbesserten Schätzwert oder Vergleichswert gibt. Auf
welche Art dieser Schätzwert zustandekommt, hängt von den übrigen, in
der Schleife vorhandenen Bausteinen ab.

Es wird zunächst angenommen, daß ein Verstärker vorhanden sei, der die
u. U. kleine Fehlergröße U_F auf einen Wert verstärkt, der dem Pegel
einer digitalen Vergleichsschaltung entspricht. Bei den in Analog-Digital-Umsetzern eingesetzten Komparatoren ist dieser Verstärker direkt
mit der Vergleichsschaltung und der Summation zusammengefaßt. Für die
Ausgänge +A und -A gelten nun die Bedingungen

$$U_X > U_M \rightarrow U_F > O \rightarrow +A = 1$$

$$U_X < U_M \rightarrow U_F < O \rightarrow -A = 1$$

Diese Bedingungen werden in der anschließenden Logik so verarbeitet,
daß der Stand des Zählers nach Maßgabe des Taktes bei +A = 1 erhöht
wird und bei -A = 1 erniedrigt wird. Ist der Zähler modulo 2 organi-
siert, dann kann an seinem Ausgang der dual codierte Wert abgenommen
werden. Aus diesem Wert leitet nun der Digital-Analog-Umsetzer die im
nächsten Meßschritt angebotene Schätzgröße U_M ab. Die Messung ist zu
Ende, wenn die Fehlerspannung $|U_F| < \frac{Q}{2}$ geworden ist. In diesem Fall
ist +A = O und -A = O, was als Kriterium für die Ablesung des momenta-
nen Zählerstandes mit dem endgültigen Meßergebnis ausgewertet werden
kann. Aus praktischen Gründen (Rauschen, Drift) tritt der Fall $^{\pm}A = O$
nicht auf, weshalb ein Ausgang des Komparators genügt. Bei A = 1 wird
aufwärts, bei A = O abwärts gezählt.

Da der Schätzwert dem zu messenden Wert gewissermaßen nachläuft, bis
er ihn abgesehen von einer geringen, durch die Quantisierung gegebenen
Abweichung erreicht hat, bezeichnet man dieses Verfahren auch als Verfahren der sukzessiven Approximation, als nachlaufender Analog-Digital-
Umsetzer, in Anlehnung an mechanische Versionen, als Servo-Analog-Di-
gital-Umsetzer.

Der überwiegende Teil der auf dem Markt befindlichen Umsetzer (es werden bis 90 % genannt), die in den gängigen Digital-Voltmetern eingesetzt sind, verwenden die Struktur des zyklischen Verfahrens in Verbindung mit der einfachen Form des im folgenden beschriebenen Zählverfahrens. Selbst wenn die Zeit zum einmaligen Durchlauf der Schleife et-

42

wa 1 µs, die Taktfrequenz also 1 MHz beträgt, ist ein dreistelliger De-
zimalwert in wenigen Millisekunden gebildet, was für eine Vielzahl von
Anwendungen völlig ausreicht.

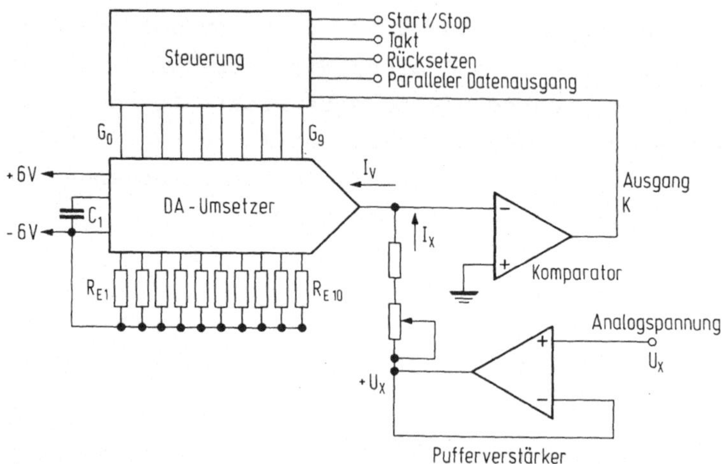

3.28. Analog-Digital-Umsetzer nach Bild 3.27, realisiert mit integrierten Standardbausteinen laut [3.13]

Die Realisierung des Verfahrens in wirtschaftlich tragbarer Form wird
dadurch begünstigt, daß die vorkommenden Bausteine als integrierte
Standardbausteine auf dem Markt erhältlich sind. Ein Umsetzer mit integrierten Bausteinen, dessen Struktur grundsätzlich mit der von Bild
3.27 übereinstimmt, wie aus Bild 3.28 hervorgeht, wird in [3.13] beschrieben.

Die Differenzbildung erfolgt im Summationspunkt der Ströme I_V mit I_X am
Eingang des Komparators. Der Strom I_X wird aus der Eingangsspannung U_X
über einen als Pufferverstärker mit der Verstärkung V = 1 geschalteten
Operationsverstärker in Verbindung mit einem abgleichbaren Präzisions-
widerstand erzeugt. Der Vergleichsstrom I_V wird aus einem Digital-Analog-Umsetzer (s. Abschnitt 4) entnommen. Es gilt für den Vergleich:

$$I_V > I_X : K = 1$$
$$I_V < I_X : K = 0$$

Diese Bedingung wird von der Steuerung, deren Aufbau Bild 3.29 zeigt,
ausgewertet. Nach dem Start des Taktgenerators wird im ersten Schritt
durch einen modulo 11-Zähler mit nachgeschaltetem Decodierer das erste

Flip-Flop eines Speicherregisters auf $Q_1 = 1$ gesetzt. Q_1 dient der Ansteuerung des Stromschalters für die Stelle höchster Wertigkeit (MSB = Most Significant Bit) im Digital-Analog-Umsetzer, welcher den Strom I_V für den ersten Vergleich erzeugt. Ergibt sich beim Vergleich K = 1, so wird das Flip-Flop 1 über den Rücksetzeingang $\bar{R}$ auf Null gesetzt, wenn der Takt T = O wird, der Strom I_V von der Größe des halben Meßbereichs wird wieder abgeschaltet. Umgekehrt bleibt für K = O der Strom bestehen. In weiteren Schritten, gegeben durch den Takt, werden die Stellen niedriger Wertigkeit, insgesamt 10 Stellen, ebenso durch Vergleich gebildet. Am Ende steht das dual codierte Meßergebnis im Speicherregister. Der 11. Zählschritt stellt den Zähler auf Null zurück.

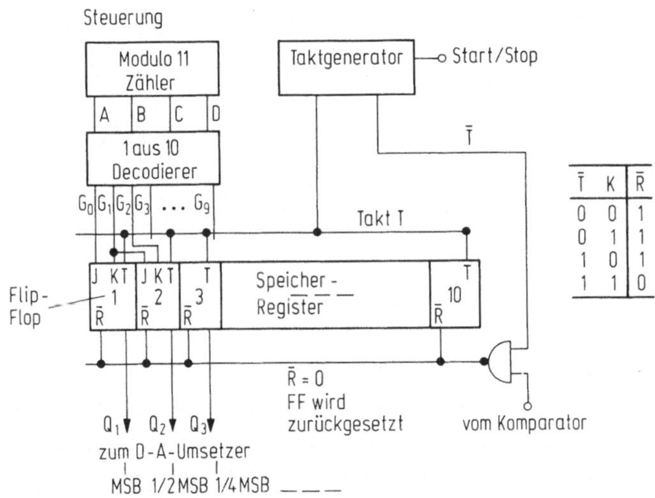

3.29. Blockschaltbild der Steuerung des Analog-Digital-Umsetzers von Bild 3.28.

Eine Umsetzung für 10 bit dauert 18 µs. Der größte Strom des Digital-Analog-Umsetzers beträgt 1,25 mA, der kleinste 2,5 µA. Es werden bipolare integrierte Schaltungen eingesetzt. Die fortschreitende Entwicklung läßt erwarten, daß sowohl die Geschwindigkeit wie die Genauigkeit noch erheblich gesteigert werden können.

Vom Prinzip her wird das erweiterte Zählverfahren mit geringster Schrittzahl, d. h. das Wägeverfahren in einer zyklischen Struktur angewendet (s. Abschnitt 3.4.2).

Neuere Entwicklungen auf dem Gebiet der monolithisch integrierten MOS-Schaltungen zeigen, daß mit dieser Technik vergleichbare Werte (10 bit in 23 µs) erreichbar sind [3.14], wie in Abschnitt 3.5 besprochen wird.

44

Als Nachteile sind anzumerken, daß der serielle Ablauf der Vorgänge innerhalb der Schleife einen doch erheblichen Zeitaufwand pro Schritt mit sich bringt und daß eine Reihe verschieden großer Normale erforderlich sind. Eine wirtschaftlichere Realisierung der zyklischen Struktur wird in Abschnitt 3.4.3 besprochen.

3.4.2 Das einfache und erweiterte Zählverfahren

Das Prinzip des einfachen Verfahrens läßt sich wieder anhand der Feststellung der unbekannten Länge X einer Latte erläutern. Man hat ein Normal der Quantisierungsgröße q und legt dieses Normal neben die unbekannte Größe, um eine Vergleichsgröße V zu bilden. Solange $X > V$, wird im nächsten Schritt V um q vergrößert, bis der Vergleich mit $X < V$ zugunsten der Vergleichsgröße ausfällt. Durch Zählung der Schritte, die beim Vergleich $X > V$ ergaben, erhält man die digitale Ergebnisgröße. Es ist einleuchtend, daß man nur 1 Normal benötigt und im ungünstigsten Fall insgesamt $i = (m-1)$ Vergleichsschritte. (Man benötigt nur $(m-1)$ Schritte, weil X im letzten Quantisierungsintervall liegen muß, wenn nach $(m-1)$ Vergleichen immer noch $X > V$.) Ist das Normal q mit einem Fehler behaftet, so addieren sich diese Fehler mit der Zahl der Schritte auf, was zu einem unter der Bezeichnung des Verstärkungsfehlers bekannten Phänomen führt, da die mittlere Steigung der Quantisierungskennlinie dadurch größer oder kleiner als 1 wird.

In der angelsächsischen Literatur erscheint das Zählverfahren unter dem Stichwort "level-at-a-time".

Das erweiterte Zählverfahren setzt am Nachteil des einfachen Verfahrens, nämlich der großen Anzahl von Schritten der normierten Größe $q_0 = 1$ an. Verwendet man Normale der Größe $q_1 = 2$, so halbiert sich die Zahl der Schritte zunächst, gleichzeitig wird die Auflösung allerdings gröber. Dem begegnet man, indem nach dem Vergleich mit dem Ausgang $X < V$ das letzte Normal weggenommen wird und noch eine Messung mit dem Normal $q_0 = 1$ hinzugefügt wird. Für $m = 256$ kommt man auf diese Weise auf höchstens $127 + 1 = 128$ Schritte.

Offensichtlich ist eine weitere Verbesserung möglich, wenn man gleich mit noch größeren Normalen beginnt und erst bei Eintritt der Bedingung $X < V$ die nächstkleineren Normale einsetzt. Beginnt man z. B. mit $q_2 = 4$, so ist man spätestens bei $i = 63 + 1 + 1 = 65$ Schritten am

Ziel. Verwendet man allgemein h dual gestufte Normale, deren größtes den Wert 2^h hat, so ist die Zahl der Schritte höchstens

$$i = \frac{m}{2^h} - 1 + (h-1) \quad .$$

Hat das größte Normal den Wert des halben Meßbereichs, also $h = n-1$, so wird

$$i = \frac{2^n}{2^{n-1}} - 1 + (n-1) = n \quad ,$$

d. h. man ist gerade beim Wägeverfahren laut Kapitel 3.5.1 mit $i = n = ld\ m$ Schritten angelangt. Tabelle 3.2 zeigt eine Zusammenstellung der Lösungsmöglichkeiten, die bei dualer Abstufung der Gewichte für $m = 256$ zwischen dem Zähl- und dem Wägeverfahren liegen.

Tabelle 3.2: Beispiele für den Zusammenhang zwischen der Zahl der Normale, deren Größe und der Anzahl von Schritten für $m = 256$

Zahl der Normale h	Größe der Normale	Schritte i
1	1	255
2	2, 1	128
3	4, 2, 1	65
4	8, 4, 2, 1	34
5	16, 8, 4, 2, 1	19
6	32, 16, 8, 4, 2, 1	12
7	64, 32, 16, 8, 4, 2, 1	9
8	128, 64, 32, 16, 8, 4, 2, 1	8

3.4.3 Ein zyklischer Wägecodierer mit einem Normal

Sowohl die Kaskade mit einem Bit pro Block laut Abschnitt 3.3.3 als auch der zyklische Codierer mit Digital-Analog-Umsetzer laut Abschnitt 3.4.1 haben den Nachteil, daß während eines Schrittes nur ein bestimmter Block der Kaskade bzw. ein bestimmtes Normal des Digital-Analog-Umsetzers benutzt werden.

Von der Kaskade kommt man zu dem im folgenden zu beschreibenden Codierer, wenn nur ein Block verwendet wird und dessen Ausgang mit dem Eingang verbunden wird. Dabei muß allerdings durch Zwischenspeicherung si-
chergestellt werden, daß keine unerwünschte gegenseitige Beeinflussung
zustande kommt.

Von der Verwendung mehrerer Normale kann man ebenfalls absehen, wenn
das jeweils verbleibende Restsignal um den Faktor V = 2 vor dem weiteren Vergleich verstärkt wird.

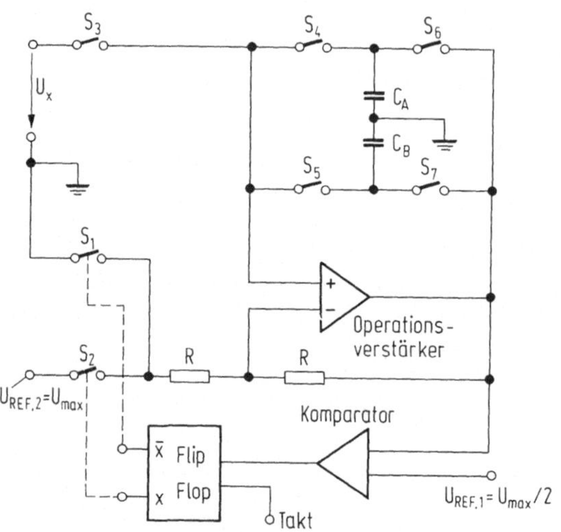

3.30. Schaltbild eines zyklischen Wägecodierers

Eine Schaltung, welche im Prinzip eine solche Funktion erfüllt, ist in
Bild 3.30 wiedergegeben. Zu Beginn des Codierungsvorgangs werden die
Schalter S_3 und S_6 geschlossen, alle übrigen Schalter sind offen. Dadurch wird die zu messende Spannung U_X über S_3 und S_6 auf den Kondensator C_A übertragen. Der Operationsverstärker hat die Verstärkung V = 1,
da die Schalter S_1 und S_2 offen sind. Sein hoher Eingangswiderstand bewirkt, daß die Quelle von U_X nicht belastet wird. Sein niedriger Ausgangswiderstand sorgt für eine schnelle Aufladung von C_A auf U_X. Die
Schaltung arbeitet also auch als Abtasthalteglied für U_X. Am Ausgang
des Operationsverstärkers ist auch der Komparator angeschlossen, welcher mit einer Referenzspannung vergleicht, die die Größe des halben
Aussteuerbereichs hat. Je nachdem, ob U_X in der oberen oder unteren
Hälfte des Aussteuerbereichs liegt, wird sein Ausgang "1" oder "0" sein
und beim Eintreffen des Taktimpulses in das Flip-Flop FF übernommen werden. (Es ist nur ein Flip-Flop gezeichnet, in Wirklichkeit werden ebensoviele Speicherstufen wie Stellen benötigt.)

Im ersten Zyklus werden nun S_3 und S_6 geöffnet, S_4 und S_7 werden geschlossen. Der Ausgang des Flip-Flops steuert die Schalter S_1 bzw. S_2. S_1 wird geschlossen für $X = 0$, d. h. $\overline{X} = 1$, S_2 wird geschlossen für $X = 1$. Betrachten wir zuerst den Fall $X = 0$, bei dem S_1 geschlossen ist. Hierbei greift der Operationsverstärker hochohmig die Spannung an C_A ab und überträgt sie mit einem Faktor 2 verstärkt (durch den Schalter S_1 wird die Verstärkung des Operationsverstärkers eingestellt) auf C_B, also wird $U_{CB} = 2\,U_{CA}$. Dadurch wird die Hälfte des Bereiches auf den ganzen Meßbereich gedehnt, so daß die nächste Stelle wiederum durch Vergleich mit der Spannung $U_{REF} = U_{MAX}/2$ gebildet werden kann. Betrachten wir nun den Fall $X = 1$, d. h. der Schalter S_2 ist geschlossen. Der Operationsverstärker wirkt jetzt als Differenzverstärker und ergibt

$$U_{CB} = 2\,U_{CA} - U_{REF2} = 2\,(U_{CA} - \frac{U_{REF2}}{2}) \quad , \text{ wobei } U_{REF2} = U_{MAX} \quad ,$$

d. h. gleich der Größe des gesamten Aussteuerbereichs ist. Der Vergleich mit dem Komparator ergibt die nächste Stelle, welche beim Eintreffen des Taktimpulses in das Flip-Flop übernommen wird.

Im zweiten Zyklus werden die Schalter S_5 und S_6 geschlossen und nach Maßgabe der Stellung des Flip-Flops entweder S_1 oder S_2. Die Funktion verläuft im Prinzip wie im ersten Zyklus, nur daß U_{CB} abgefragt und sein Wert auf C_A übertragen wird. Daran schließt sich der erste Zyklus wieder an.

Der beabsichtigte Vorteil zeigt sich in der Mehrfachausnutzung der wenigen Bauelemente. Außerdem sind die genauen Werte von C_A und C_B für die Funktion unwesentlich, da sie auf bestimmte Spannungswerte aufgeladen werden durch den Operationsverstärker. Günstig ist ferner, daß nur das Verhältnis der beiden an der Minusklemme des Operationsverstärkers angeschlossenen Widerstände R in die Übertragung eingeht und nicht deren Absolutwerte. Dazu kommt, daß das Abtasthalteglied mit verwirklicht wird. Die Anzahl der zu bildenden Stellen ist vom Prinzip her unabhängig vom Aufwand.

Als nachteilig sind die Anforderungen an den Operationsverstärker zu vermerken. Seine Eingangskapazität erniedrigt bei jedem Zyklus beim Schließen des Schalters S_4 die Spannung von C_A bzw. im Fall von S_5 auf C_B (Konstanz der Ladung). Aus diesem Grunde sollten C_A und C_B möglichst groß sein. Dies wirkt sich jedoch ungünstig auf die Geschwindigkeit aus, da C_A und C_B dann bei einem bestimmten, vom Operationsverstärker zur

Verfügung gestellten Strom entsprechend länger zur Aufladung benötigen.
Weitere Anforderungen sind wie üblich große Verstärkung, geringe Off-
setspannung, großer Eingangswiderstand und geringe Temperaturdrift. Mit
anderen Schaltungen, die allerdings einen erhöhten Aufwand mit sich
bringen, lassen sich die Anforderungen an den Operationsverstärker min-
dern.

Es sei hier auf die Literatur verwiesen [3.15]. Die Schalter sind analoge Schalter, d. h. sie müssen kontinuierliche Spannungsänderungen verzerrungsfrei übertragen. Alle diese Gegebenheiten führen dazu, daß die
Anforderungen an die Schaltelemente letztlich doch mit der Anzahl der
zu bildenden Stellen ansteigen. Als Anhaltspunkt für den erreichbaren
Kompromiß zwischen Geschwindigkeit und Genauigkeit sei angegeben, daß
das Verfahren für 8000 Umwandlungen pro Sekunde à 12 Bit realisiert worden ist [3.15]. Auch der Aufwand für die nicht gezeichnete Ablaufsteuerung ist nicht unerheblich.

3.4.4 Interpolative Analog-Digital-Umsetzung

Der Ausgangspunkt des von J. C. Candy [3.16] vorgeschlagenen Verfahrens
ist die wirtschaftliche Realisierung. Der Grundgedanke besteht in einem
Austausch zwischen Genauigkeit und Geschwindigkeit in der Weise, daß
die Anforderungen an die Genauigkeit der verwendeten Bauelemente gesenkt
werden. Diese Überlegung gilt natürlich nur bis zu einer bestimmten
Grenze, ab der eine Zunahme an Geschwindigkeit mehr kostet als die Er-
sparnis an den Bauelementen einbringt, d. h. bis zu Taktfrequenzen von
etwa 30 MHz, welche durch die gängigen Schaltungen gegeben sind.

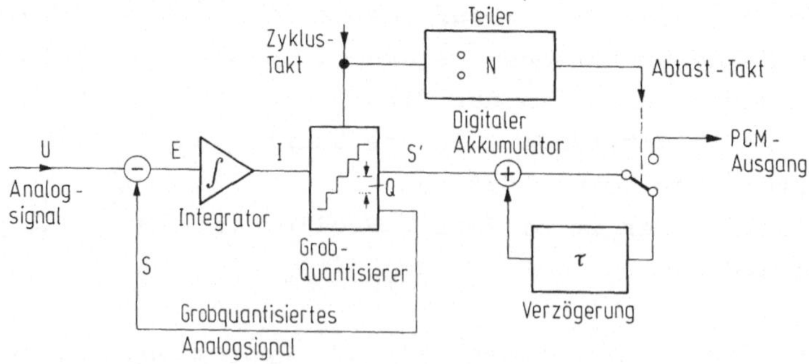

3.31. Blockschaltbild eines interpolativen Umsetzers

Der Codierer, dessen Blockschaltbild in Bild 3.31 wiedergegeben ist,
besteht aus zwei wesentlichen Blöcken: einem Rückkopplungsteil mit
einer groben Quantisierung der Stufengröße Q und einem Interpolator-

teil zur Verfeinerung des Ergebnisses der Grobquantisierung um den Faktor N. Zu diesem Zweck wird das Abtastintervall in N Takte der Dauer τ eingeteilt. Der im Rückkopplungsteil befindliche Integrator liefert in der Zeit τ am Ausgang I gerade den Wert Q, wenn E = Q. Zur Vereinfachung sei eine Normierung vorgesehen, so daß Q = 1.

Tabelle 3.3: Beispiel: (Normierung auf Q = 1); N = 5; $1 \leq n \leq 5$

Eingang U	Fehler $E=U_n-S_{n-1}$	Integrator $I=I_{n-1}+E$	Rückführung S	Anzeige $A=\frac{1}{N} \Sigma S$
		Anfangswert → 8,4	8	
8,2	0,2	8,6	9 (da >8,5)	
8,2	-0,8	7,8	8	Abtast-Intervall 5 τ 41:5 = 8,2
8,2	0,2	8,0	8	
8,2	0,2	8,2	8	
8,2	0,2	8,4	8	

Die Wirkungsweise sei an einem Beispiel lt. Tabelle 3.3 erläutert. Das Analogsignal habe den normierten Wert 8,2. Zu Beginn des Abtastintervalls stehe der Ausgang des Integrators auf dem Wert I = 8,4. Die Schwellen für die Entscheidungen liegen in der Mitte zwischen den ganzzahligen Werten, also im interessierenden Beispiel bei 7,5 bzw. 8,5. Am Ausgang des Grobquantisierers tritt nun der codierte Wert für die grobe Einteilung S' = 8 auf, andererseits wird der Eingangswert für den Integrator E = 0,2; so daß nach einem Intervall τ der Integrator auf 8,6 steht. Nach Ablauf einer weiteren Taktdauer τ wird, gesteuert durch den Zyklustakt, eine neue Grobquantisierung vorgenommen, welche den Wert S' = Q = 9 ergibt. Damit wird E = -0,8 und der Ausgang I = 7,8 usw.. Nach genau fünf Zyklen ist man wieder beim Anfangswert I = 8,4. Bei diesem Anfangswert ist die Ausgangsfolge des Grobquantisierers stets 89888, deren Summe, geteilt durch die Zahl der Zyklen, den Wert 8,2 liefert. Bei Änderung des Anfangswertes ändert sich an der Summe ebenso wie am Tastverhältnis, mit dem der größere Wert vorkommt, nichts, die Folge wird nur zyklisch verschoben.

Der Interpolarteil enthält einen Teiler mit dem Faktor N, der festlegt, daß einmal in einer Folge von N Zyklen der Ausgang des digitalen Akkumulators abgelesen wird. Wählt man in der Praxis den Teiler N als eine Potenz von 2, so läßt sich die Division durch N durch verschobene Ablesung um ld N Stellen leicht durchführen.

50

Eine praktische Realisierung des Verfahrens wurde für die Anwendung in
einem Bildfernsprecher mit einer Bandbreite von 1 MHz durchgeführt.
Mit 16 Grobstufen und N = 16 wurde mit einem Zyklustakt von 32 MHz eine
Auflösung von insgesamt 8 bit erzielt. Eine neuere Version realisiert
angenähert eine nichtlineare Kennlinie nach dem amerikanischen μ-Gesetz
mit μ = 255 [3.17] (siehe auch Abschnitt 3.6.3 unter nichtlineare Analog-Digital-Umsetzung).

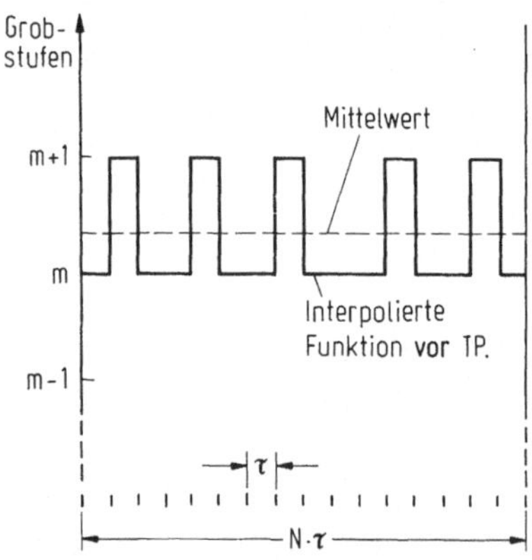

3.32. Mittelwertbildung bei der interpolativen Digital-Analog-Umsetzung

Nach dem gleichen Prinzip ist auch die Digital-Analog-Umsetzung durch-
führbar [3.18]: Ein üblicher D-A-Umsetzer erzeugt die Grobstufen und
innerhalb eines Abtastintervalls der Zeitdauer N · τ wird je nach dem
Tastverhältnis eine entsprechende Zahl von Impulsen der Größe einer
Grobstufe hinzuaddiert. Die Interpolation erfolgt durch einen am Ausgang befindlichen Tiefpaß, welcher den Mittelwert liefert (Bild 3.32).
Für seine Zeitkonstante gelten bezüglich der Genauigkeit die bei den
stochastischen Digital-Analog-Umsetzern angegebenen Werte, wenn man
anstelle von t_p = N · τ setzt. Über diese Beziehung wird die Verwandt-
schaft zum stochastischen Wandlungsverfahren deutlich: Das stochastische Verfahren interpoliert mit statistischen Schätzwerten des Signals
und verwendet keine Vorkenntnisse der letzten Messung, braucht demge-
mäß entsprechend viele Ergebnisse zur Beschreibung des Wertes, eben
eine relative Häufigkeit; das interpolative Verfahren kommt durch stän-
dige Verwendung der Vorkenntnisse über den Integrator sehr viel schneller auf den Mittelwert des Signals.

Unter Vorgriff auf das digitale Abtasthalteglied (Abschnitt 5.2.4) sei
gesagt, daß man den oben beschriebenen Analog-Digital-Umsetzer auch ohne Abtasthalteglied im "fliegenden" Betrieb verwenden kann.

3.5 Indirekte Umsetzer

Die bisher beschriebenen Verfahren hatten die direkte Messung der Amplitude eines Signals durch Vergleich mit einem oder mehreren Spannungswerten zum Ziel. Indirekte Umsetzer verwandeln die zu messende Amplitude einer Spannung in eine Hilfsgröße um, welche im Sinne der Aufgabenstellung besser, d. h. billiger, genauer oder schneller, meßbar ist.
Verhältnismäßig genau meßbar sind Frequenz und Zeit. In Verbindung mit
integrierten Schaltungen der MOS-Technologie, welche hochwertige und
genaue Kondensatoren herzustellen erlaubt, bietet sich auch die Ladung
als Hilfsgröße an.

Man kann also zum Beispiel die zu messende Spannung in eine ihr proportionale Frequenz umsetzen und während einer fest vorgeschriebenen Zeit
die Anzahl der Perioden der zu messenden Frequenz zählen, bzw. kann man
die zu messende Spannung in eine ihr proportionale Zeit umsetzen und
die Perioden einer fest vorgegebenen Frequenz während des Ablaufs der
der Meßgröße proportionalen Zeitspanne abzählen. Im Prinzip handelt
es sich also wieder um die Realisierung des Zählverfahrens (level-at-
a-time). Wie wir sehen werden, läßt sich das Verfahren im Sinne des erweiterten Zählverfahrens modifizieren.

3.5.1 Das einfache Sägezahnverfahren

Bild 3.33a zeigt die grundsätzliche Schaltung, Bild 3.33b die zugehörigen interessierenden Spannungen über der Zeit. Die unbekannte Span-

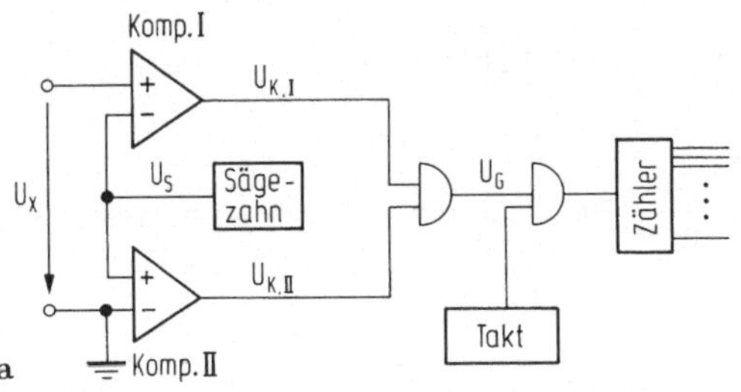

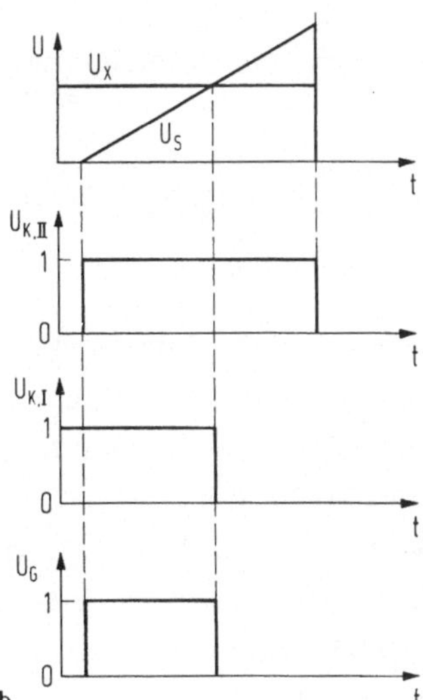

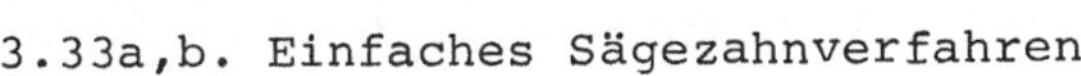

3.33a,b. Einfaches Sägezahnverfahren
a. Schaltbild
b. Spannungsverläufe über der Zeit

nung U_X wird mit einer zeitlinear ansteigenden Spannung u_S verglichen
mit Hilfe eines Komparators KI. Der Komparator liefert als Spannung
U_{KI} am Ausgang eine logische Eins, solange $U_X > u_S$. Der Komparator II
vergleicht die zeitlinear ansteigende Spannung u_S mit dem Wert Null
und liefert an seinem Ausgang eine Spannung U_{KII}, welche einer logischen Eins entspricht, sobald $U_S > O$ wird. U_{KI} und U_{KII} werden einem
UND-Gatter zugeführt, dessen Ausgang ein weiteres UND-Gatter für das
Taktsignal durchlässig macht. Der Zähler erhält Taktimpulse während
der Zeit, in der $O < u_S < U_X$ ist. Bei fester Steigung der zeitlinear
ansteigenden Spannung u_S ist somit das Zählergebnis gleich dem dual
codierten Wert von U_X.

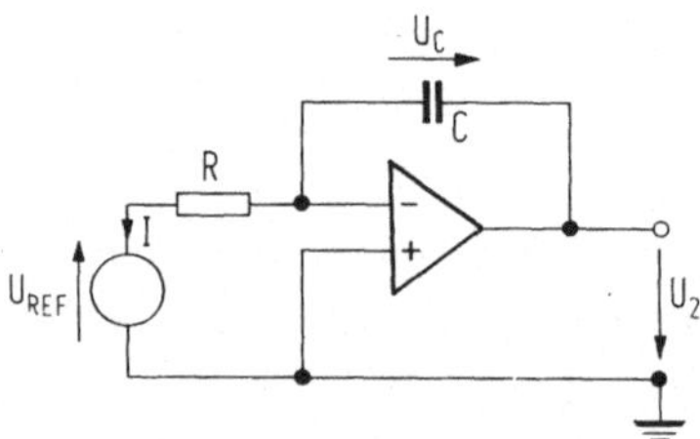

3.34. Prinzipschaltung zur Erzeugung einer linear mit der Zeit wachsenden Spannung

Die zeitlinear ansteigende Spannung u_S kann man z. B. mit der Schaltung lt. Bild 3.34 erzeugen. Eine konstante Spannung U_{REF} speist über
einen Widerstand R einen Konstantstrom in den Kondensator C ein. Die
Spannung am Kondensator erscheint am Ausgang des Operationsverstärkers, wobei gilt

$$u_2 = \frac{U_{REF}}{RC}\, t \quad (t = O \text{ zum Zeitpunkt des Nulldurchgangs von } u_S \text{ angenommen})$$

Für $u_2 = U_X$ ist $t = t_M$, d. h. $t_M = \frac{U_X}{U_{REF}}\, RC$. t_M ist also wie gewünscht
proportional zu der zu messenden Spannung U_X.

Außerdem hängt die Genauigkeit noch von der Genauigkeit der Größen R,
C und U_{REF} ab. Weiterhin stört der Umstand, daß auch Störspannungen,
welche der Spannung U_X im Augenblick des Vergleichs überlagert sind,
voll in das Meßergebnis eingehen. Der Zählerstand schließlich ergibt
sich zu $z = t_M\, f_{TAKT}$, d. h. auch die Taktfrequenz f_{TAKT} beeinflußt die
Genauigkeit der Messung. Sie muß vor allem genügend hoch sein, um eine
genügend große Anzahl unterscheidbarer Stufen zu erreichen. Die Genauigkeit des Verfahrens ist aus diesen Gründen auf etwa 10 bit, d. h.

0,1 % Fehler beschränkt. Die Zeit für eine Umsetzung ist mindestens $2^h (f_{TAKT})^{-1}$. Dazu kommt noch die Zeit für die Rückstellung der Spannung u_S auf ihren Anfangswert (Rücklauf des Sägezahns).

Eine Verbesserung in der Genauigkeit bietet das im folgenden beschriebene Verfahren, bei dem man die oben erwähnten Fehler weitgehend eliminieren kann.

3.5.2 Das Doppelschritt- bzw. Doppelintegrationsverfahren (Dual-Ramp-Method)

Die Schaltung zeigt Bild 3.35. Die Wirkungsweise sei im Zusammenhang mit dem zeitlichen Verlauf der Spannung u_A am Ausgang des Operationsverstärkers beschrieben (Bild 3.35b). Während des Ablaufs der meßwert-

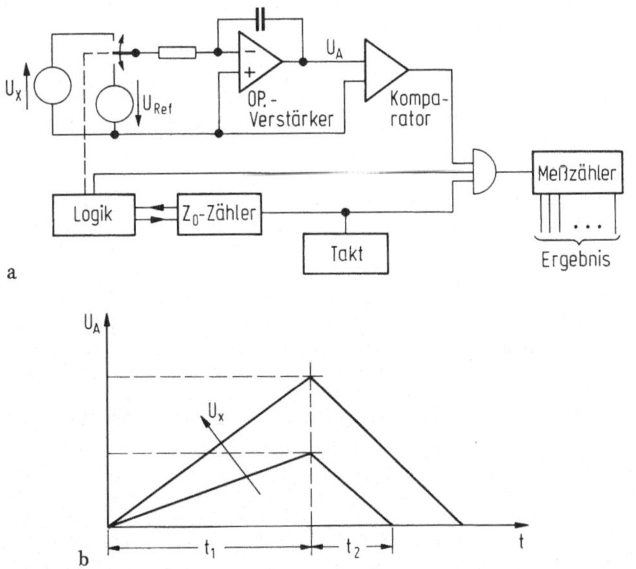

3.35a,b. Umsetzer nach dem Doppelschrittverfahren
a. Blockschaltbild
b. Interessierende Spannungsverläufe

unabhängigen Zeit t_1 wird der Kondensator C über den Widerstand R von der zu messenden Spannung U_X aufgeladen. Es ist also

$$u_A = \frac{Q_a}{C} = \frac{1}{RC} \int_0^{t_1} u_X(t)dt \quad .$$

Mit $u_X = U_X = \text{const.}$: $\quad U_A = \frac{U_X t_1}{RC}$

Durch die Integration fallen also momentane Störspannungen aus der
Messung heraus. Auch eine gute Brummunterdrückung läßt sich erreichen,
wenn die Zeit t_1 als ein ganzzahliges Vielfaches der Periode der Netz-
frequenz gewählt wird.

Nach Ablauf von t_1 legt die Logik den Schalter S auf die Referenzspannung U_{REF} um und gibt über das vor dem Meßzähler liegende UND-Gatter
dem Takt den Weg frei. Entsprechend zu den vorherigen Überlegungen lautet die Ladungsbilanz für C:

$$\frac{U_{REF}}{R} t_2 = U_A C \quad ,$$

wenn bis zum Nulldurchgang von $u_A(t)$ gerechnet wird. Der Nulldurchgang
wird durch den Komparator, der die Spannung u_A an seinem Eingang hat,
festgestellt. Sein Ausgang geht auf Null und stoppt über das UND-Gatter den Meßzähler. Mit dem obigen Wert von U_A ergibt sich:

$$t_2 = \frac{U_A C R}{U_{REF}} = \frac{U_X t_1}{U_{REF}} \quad ,$$

d. h. die Werte der Bauelemente R und C fallen aus dem Ergebnis heraus.
Der Zählerstand schließlich am Ende der Messung ergibt sich zu

$$z = t_2 \, f_{TAKT} = \frac{U_X}{U_{REF}} t_1 \, f_{TAKT} \quad .$$

Wenn t_1 ermittelt wird zur Zählung bis zu einem festen Wert z_O, wird
mit $t_1 = \dfrac{z_O}{f_{TAKT}}$ das Meßergebnis im Meßzähler

$$z = \frac{U_X}{U_{REF}} z_O \quad .$$

Die Taktfrequenz muß also nur während der Meßzeit $t_1 + t_2$ konstant bleiben und fällt im übrigen aus dem Meßergebnis heraus. Auf diese Weise
lassen sich Genauigkeiten von 13 bis 14 bit entsprechend 0,01 % Fehler
erreichen.

Ein wesentlicher Nachteil ist die lange Meßzeit bei hohen Genauigkeiten. Eine Erhöhung der Geschwindigkeit läßt sich durch Übergang auf
das sog. "Triple-Ramp"-Verfahren erzielen. Dabei verwendet man während
der Zeit t_2 zwei Spannungen, von denen die erste eine große Steilheit

und die zweite eine kleine Steilheit hat. Durch entsprechende Umschaltung des Zählers, bei dem der Takt auf eine Stufe entsprechend hoher
Wertigkeit geschaltet wird, geht man erst auf die Stufe niedrigster
Wertigkeit, wenn der Abstand der Spannung U_A von Null gerade eine Einheit derjenigen Wertigkeit erreicht, welche der größeren Steilheit entspricht.

Eine Variante des Doppelintegrationsverfahrens mit geringen Anforderungen an die Bauelemente ist der Analog-Digital-Umsetzer mit Ladungsaus-
gleich ("Charge-balancing converter") [3.19]. Bei ihm ist keine feste
Zeit vorgesehen, sondern die Spannung u_A am Ausgang des Integrators
läuft frei zwischen zwei festen Spannungswerten hin und her, und es
wird im wesentlichen gezählt, wieviel dieser Zyklen in einer bestimmten Zeit durchlaufen werden. Bei kleinen Werten des Signals dauert die
Umladung länger als bei großen.

In einer anderen Abwandlung, welche in MOS-Technik integrierbar ist,
werden die Zählerstände bei Entladung von einem Referenzwert und bei
Entladung des von der unbekannten Spannung aufgeladenen Kondensators
auf Null ausgewertet [3.29].

3.5.3 Umsetzer mit Ladungsverteilung

Als Hilfsgröße bei der Umsetzung eignet sich auch die Ladung Q, wenn
sie, wie in der MOS-Technik möglich, mit geringen Verlusten auf genau
herstellbaren Kondensatoren dynamisch gespeichert wird. Damit wird das
Problem der wirtschaftlichen Realisierung von Analog-Digital-Umsetzern
durch die monolithische Schaltungsintegration einer Lösung näher gebracht. Von den verschiedenen Vorschlägen in dieser Richtung sei eine
hier besprochen, welche eine Realisierung des Wägeverfahrens darstellt
[3.14], eine andere [3.20] eignet sich direkt für die Digital-Analog-
Umsetzung, kann aber in einer zyklischen Struktur laut Bild 3.27 auch
zur Analog-Digital-Umsetzung herangezogen werden. Letztere wird deswegen in Abschnitt 4.5 beschrieben.

Die grundsätzliche Schaltung eines Umsetzers nach dem Prinzip der Ladungsverteilung ("Charge redistribution") zeigt Bild 3.36 für einen
Umsetzer mit n = 5 bit. Es werden dual abgestufte Kondensatoren benötigt, C, C/2, C/4, $C/2^{n-1}$, insgesamt einer mehr als Dualstellen gebildet werden sollen, da der kleinste Wert doppelt auftritt. Die Ge-

samtsumme ist 2 C. Auch die n+3 Schalter lassen sich mit MOS-Transistoren verwirklichen. Vervollständigt wird die Anordnung durch einen Spannungskomparator K.

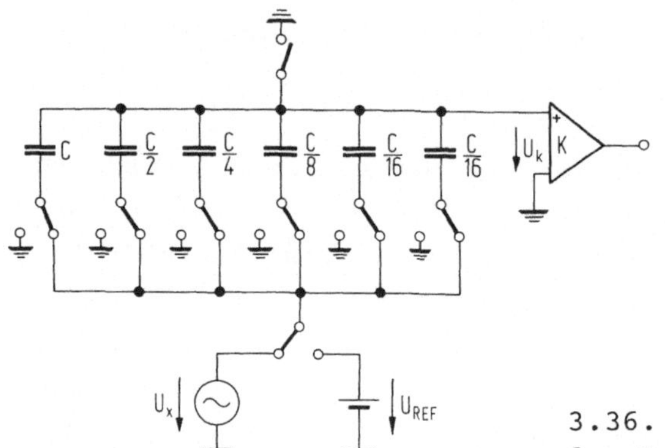

3.36. Schaltbild eines Umsetzers nach dem Prinzip der Ladungsverteilung

Die Umwandlung erfolgt in einer Folge von drei Operationen: Im "Abtastmodus" wird die Sammelschiene, welche die oberen Elektroden der Kondensatoren verbindet, an Masse gelegt und die zu messende Spannung u_X an die untere Sammelschiene, welche in diesem Modus mit allen unteren Kondensatorelektroden verbunden ist, angeschlossen. Dadurch wird eine Ladung $Q_X = -2\ Cu_X$ auf die oberen Elektroden gebracht.

Im "Haltemodus" wird die obere Sammelschiene von Masse getrennt und alle unteren Elektroden mit Masse verbunden. Da die Ladung konstant bleibt wird die Spannung am Komparatoreingang $u_K = -u_X$. Die Schaltung hat also das Abtasthalteglied gleich eingebaut.

Im "Umverteilungsmodus" erfolgt die eigentliche Umsetzung. Im ersten Schritt wird nur der größte Kondensator C mit seiner unteren Elektrode von Masse getrennt und an die Vergleichsspannung U_{REF} von der Größe des gesamten Meßbereichs angelegt. Es bildet sich ein kapazitiver Spannungsteiler, wobei die Spannung u_K den Wert

$$u_K = -u_X + \frac{U_{REF}}{2}$$

annimmt. Es gilt nun für den Vergleich

$$u_K > 0 \text{ für } u_X < \frac{U_{REF}}{2} \ , \quad \text{d. h. das MSB ist } b_4 = 0$$

$$u_K < 0 \text{ für } u_X > \frac{U_{REF}}{2} \ , \quad \text{d. h. das MSB ist } b_4 = 1 \ .$$

Der Wert für das MSB (= Most significant bit) kann am Ausgang des Komparators (invertiert) abgenommen werden. Ist das MSB = O, so wird der Schalter am Fuß des größten Kondensators C auf Masse gelegt, die Ladung verschwindet, ist das MSB = 1, bleibt der Schalter an der Referenzspannung.

Im zweiten Schritt wird der Fußpunkt des Kondensators C/2 an U_{REF} geschaltet. Der kapazitive Spannungsteiler ändert sich derart, daß

$$u_K = -u_X + b_4 \frac{U_{REF}}{2} + \frac{U_{REF}}{4}$$

wird. Der Spannungskomparator bildet nun die nächstniedrigerwertige Stelle b_3, deren Wert wie oben darüber entscheidet, ob der Fußpunkt von C/2 an U_{REF} verbleibt ($b_3 = 1$) oder an Masse gelegt wird ($b_3 = O$). Der Vorgang wird fortgesetzt, bis alle 5 Stellen b_4, b_3, b_2, b_1, b_O gebildet sind.

Das Verfahren ist sehr wenig empfindlich gegenüber parasitären Kapazitäten der Schalter. In einer monolithisch integrierten Version mit einer Fläche von 5 mm^2 wurde eine Auflösung von 10 bit mit einer Umwandlungszeit von 23 µs verwirklicht [3.14]. Eine Verkleinerung der Fläche durch Einsparung von Kondensatoren läßt sich, wie in Abschnitt 4.5 beschrieben, erreichen.

3.6 Sonderformen

Die in diesem Abschnitt behandelten Analog-Digital-Umsetzer heben sich in bestimmter Weise von den bisher beschriebenen ab. So läßt sich das Wägeverfahren sowohl als Kaskade wie auch in zyklischer Form realisieren, ebenso die im Zeitmultiplex betriebenen Umsetzer. Die weiteren Sonderformen zeichnen sich durch die besondere, von der dualen abweichende Codierung aus.

3.6.1 Das Wägeverfahren

Wie oben erwähnt, ist das Wägeverfahren nicht an eine bestimmte Struktur gebunden, der Kaskadenumsetzer nach B. D. Smith [3.8] verwirklicht das Verfahren ebenso wie der zyklische Umsetzer mit dynamischer [3.14] [3.15] oder statischer [3.13] Zwischenspeicherung.

Wegen seiner Eigenschaft, in jedem Meßschritt gerade 1 Dualstelle zu bilden, wird es im angelsächsischen Sprachgebrauch auch als "digit-at-a-time"- bzw. "bit-at-a-time"-Verfahren bezeichnet.

Beim Wägeverfahren verwendet man mehrere Normale, welche sich in ihrer Länge um den Faktor 2 unterscheiden. Es ist also $q_O = 1$, $q_1 = 2$, $q_2 = 4$, ..., $q_h = 2^h$, d. h. das größte Normal q_h umfaßt den halben Meßbereich.

Die Messung beginnt mit dem Vergleich von X mit dem größten Normal. Ist $X > V = q_h$, so vermerkt man an der höchstwertigen Stelle "b_h" als Ausgangscode eine "1", ist $X < V$, so hält man eine "O" als Meßergebnis fest und entfernt das Normal q_h wieder. Sodann greift man zum nächstkleineren Normal q_{h-1}, das im Fall des noch vorhandenen Normals q_h an jenes zur Verlängerung, andernfalls selbst an den Anfang von X angelegt wird. Im Fall

$$X > b_h\, q_h + b_{h-1}\, q_{h-1} \quad \text{ist } b_{h-1} = 1$$

$$X < b_h\, q_h + b_{h-1}\, q_{h-1} \quad \text{ist } b_{h-1} = O$$

Für $b_{h-1} = 1$ bleibt das Normal q_{h-1} liegen, für $b_{h-1} = O$ wird es entfernt. So fährt man fort, bis alle Normale einmal verwendet sind. Die Zahl der Schritte i ist also gleich der Zahl (h+1) der Normale. Mit dem letzten Schritt der Größe $q_O = 1$ hat man die gleiche Auflösung erreicht wie beim einfachen Zählverfahren, das nur ein Normal der Größe $q_O = 1$ kennt. Den gesamten Meßbereich der Größe $m = 2^n$ erfaßt man also mit $i = h+1 = n = {}^2\!\log m$ Schritten mit Hilfe von n Normalen.

Der Name "Wägeverfahren" stammt von der Hebel- oder Balkenwaage, bei der man das unbekannte Gewicht einer Ware durch Vergleich mit Gewichten unterschiedlicher Größe feststellt. Neigt sich die Waage auf die Seite der Schale mit den Gewichten, so wird das als zu schwer gefundene Vergleichsgewicht wieder entfernt und nicht mitgezählt, bleibt die Waage auf der Seite der Ware tiefer, werden weitere Gewichte aufgelegt und am Ende deren Werte zusammengezählt.

3.6.2 Nichtlineare Analog-Digital-Umsetzung (Sprachcodierung)

Bei den bisher besprochenen Verfahren ist die Höhe q der normierten Quantisierungsstufe unabhängig vom absoluten Wert, d. h. der absolute Fehler ist konstant. Dagegen hängt der relative Fehler vom jeweiligen

zu codierenden Wert ab und wird umso größer, je kleiner dieser Wert ist.
Es gibt nun Anwendungen, bei denen das Verhältnis des Signals zum Quantisierungsgeräusch über den ganzen Aussteuerbereich möglichst konstant
bleiben soll. In diesem Fall steigt die Stufenhöhe proportional mit der
Größe der zu codierenden Spannung, folgt also einem Exponentialgesetz.
Die digitale Übertragung von Sprache mittels Pulscodemodulation ist
eine solche Anwendung. Ein konstantes Signal-Geräuschverhältnis über
den Aussteuerbereich ist hier von Vorteil, einmal weil leise Sprecher
gegenüber lauten nicht benachteiligt werden, zum anderen weil die Mit-
hörschwelle des Ohres mit wachsendem Pegel zunimmt, d. h. ein lautes
Signal kann auch ein entsprechend stärkeres Geräusch verdecken. Auch
vom Standpunkt der zur Telefonieübertragung von Sprache notwendigen
Kanalkapazität ist eine nichtlineare Quantisierung günstig, denn, wie
wir sehen werden, bedarf es bei nichtlinearer Quantisierung nur 8 bit,
um die gleiche Qualität zu erreichen wie bei 12 bit und linearer Quantisierung.

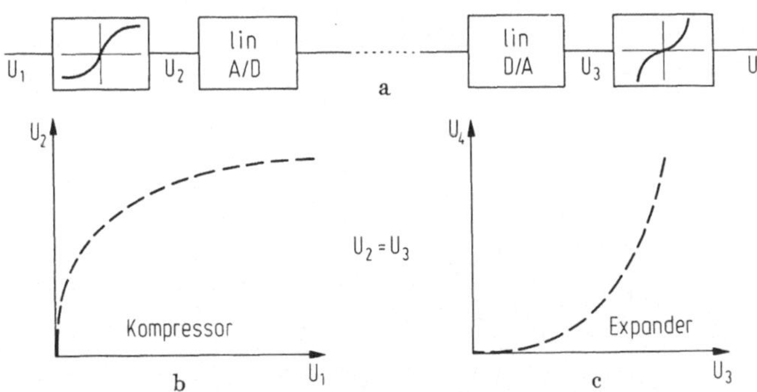

3.37a bis c. Nichtlinearer Analog-Digital-Umsetzer
a. Blockschaltbild
b. Kompressorkennlinie
c. Expanderkennlinie

Eine mögliche Form der Realisierung, welche beim ersten von den Bell-
Laboratorien entwickelten und von der Firma ATT im Jahre 1962 unter der
Bezeichnung T1-System in Dienst gestellten PCM-Systems gewählt wurde,
zeigt das Blockschaltbild 3.37a. Einem linearen Analog-Digital-Umsetzer
ist ein nichtlinearer sogenannter Kompressor K vorgeschaltet, der die
Augenblickswerte der Spannung u_1 auf einen kleineren Bereich u_2 "kom-
primiert". Seine Kennlinie ist in Bild 3.37b angedeutet. Nach der Übertragung folgt eine nichtlineare Dehnung, auch Expandierung genannt,
durch einen Expander, dessen Kennlinie (Bild 3.37c) genau komplementär
zu derjenigen des Kompressors ist. (Aus diesem Grund spricht man im

60

Zusammenhang mit der nichtlinearen Quantisierung auch von Kompandie-
rung, ein aus Kompression und Expandierung zusammengesetztes Kunst-
wort.) Auf diese Weise kommt eine insgesamt lineare Übertragung zustande, was im Bild durch eine entsprechende Stufung angedeutet ist.

Die Schwierigkeit besteht nun darin, eine Stufung zu verwirklichen,
welche möglichst exakt proportional zum jeweiligen Wert ist, da die
Funktion y = ln x nicht durch den Ursprung geht. Von den Bell-Labo-
ratorien wurde als Näherung das µ-Gesetz vorgeschlagen, bei dem

$$y = \frac{\ln(1 + \mu x)}{\ln(1 + \mu)} \quad ,$$

wobei

$$x = \frac{u_1}{u_{1MAX}} = \text{normierte Eingangsspannung}$$

$$y = \frac{u_2}{u_{2MAX}} = \text{normierte Ausgangsspannung}$$

ist.

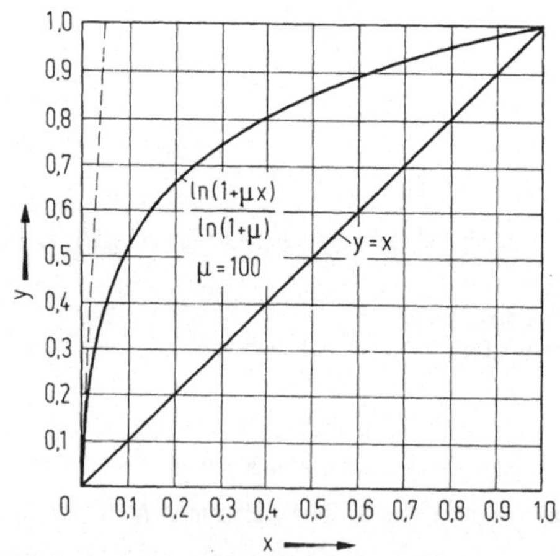

3.38. Verlauf der Kennlinie $y = \frac{\ln(1+\mu x)}{\ln(1+\mu)}$ für µ = 100

Diese Kurve hat den Wert x = 0 für y = 0, und y = 1 für x = 1 und die
Steigung y' an der Stelle x = 0 ist $\frac{\mu}{\ln(1+\mu)}$. Ihr Verlauf ist in Bild
3.38 gezeichnet für µ = 100. Im gleichen Bild ist die Gerade mit der
Steigung 1 gezeichnet, welche einer linearen Quantisierung entspricht.
Eine Vergrößerung der Steigung um einen Faktor 2 ergibt eine entspre-

chend verfeinerte Stufung für kleine Signale, entspricht also einem Gewinn im Signalstörverhältnis von 6 dB. Für $\mu = 100$ mit $y' = 21,7$ ergibt sich ein Gewinn von 26,7 dB.

Einer Vergrößerung von μ stehen praktische Schwierigkeiten im Wege. Die Kennlinien von Kompressor und Expander werden stückweise durch Teile von Diodenkennlinien approximiert und müssen genau komplementär sein, um Verzerrungen zu vermeiden. Mit wachsendem μ, d. h. wachsender Krümmung der Kennlinie steigen diese Schwierigkeiten. Eine Vorstellung von den Anforderungen vermittelt die Tatsache, daß die Temperatur von Kompressor und Expander beim T1-System auf $0,1^{\circ}$ konstant gehalten werden muß. Das T1-System verwendet einen 7bit-Code für die Sprachübertragung und erreicht damit die gleiche Qualität wie mit 11 bit und linearer Quantisierung.

Das inzwischen eingeführte T2-System verwendet einen Wert von $\mu = 255$, der mit digitalen Mitteln, z. B. mit dem in Abschnitt 3.4.4 beschriebenen interpolativen Umsetzungsverfahren [3.17] realisiert wird.

In Europa ist man einen anderen Weg gegangen, weil man die Schwierigkeiten beim T1-System sah und weitere zu befürchten waren, wenn die digitale Übertragung international eingeführt und digitale Vermittlungen mit einbezogen werden sollten. Die CEPT, das zuständige Gremium der europäischen Postverwaltungen, hat das sogenannte A-Gesetz akzeptiert, das aus zwei Teilstücken $y_1 = \dfrac{Ax}{1+\ln A}$ für kleine Werte $x < \dfrac{1}{A}$ und $y_2 = \dfrac{1+\ln Ax}{1+\ln A}$ für größere Werte besteht. Mit $A = 87,6$ ergibt sich im Nullpunkt eine Steigung von $y'(x{=}0) = 16$ mit einem Kompandierungsgewinn von 24 dB. Dieses A-Gesetz wird nun durch eine 13 Segment-Kennlinie angenähert, von der 6 Segmente den Bereich $x > 0$, 6 Segmente den Bereich $x > 0$ überdecken und das 13. Segment durch den Ursprung geht und bis zum Wert $y = 2/8$ reicht, d. h. die doppelte Höhe hat (Bild 3.39). Aufeinanderfolgende Segmente unterscheiden sich in der Steigung genau um den Faktor 2. Auf diese Weise läßt sich mit einem Code von 4 bit, bei dem 1 bit für das Vorzeichen verwendet wird, ein Bereich überstreichen, der dem 256fachen der kleinsten darstellbaren Stufe entspricht, d. h. also linear mit 8 bit darzustellen wäre. Die CEPT-Empfehlung sieht nun eine weitere Unterteilung der Segmente in 16 Abschnitte vor, so daß insgesamt 8 bit für die Sprachübertragung verwendet werden, welche jedoch für kleine Signale einer linearen Stufung mit 12 bit gleichkommen.

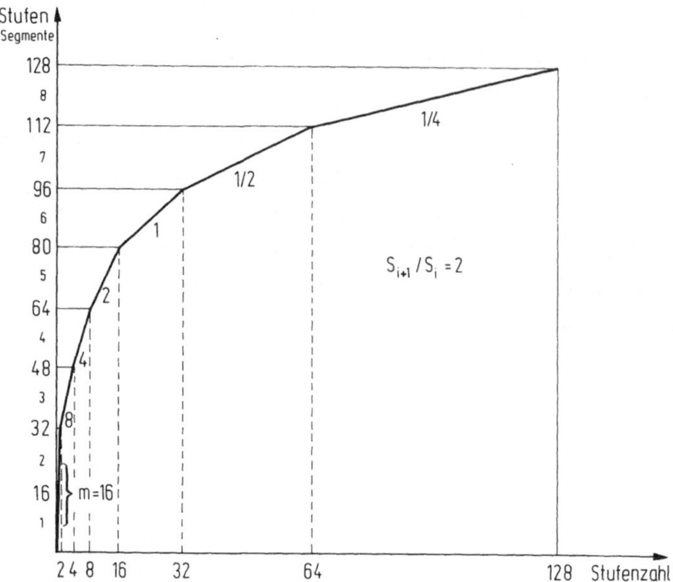

3.39. Approximation der Kennlinie des A-Gesetzes durch Geradenstücke

Die Stufung der Steigungen der Segmente mit einem Faktor 2 kommt einer digitalen Realisierung sehr entgegen. Beim Zählverfahren z. B. braucht man nur mit einer konstanten Taktfrequenz Zählstufen verschiedener Wertigkeit anzusteuern bzw. mit einer um den Faktor 2 gestuften Taktfrequenz die Stufe niedrigster Wertigkeit anzusteuern. Auch im D-A-Umsetzer läßt sich eine nichtlineare Stufung durch Umschaltung der Referenzspannungen leicht bewerkstelligen. Es sind bereits verschiedene Realisierungen der 13 Segment-Kennlinie vorgeschlagen worden [3.21] [3.22] [3.23].

3.6.3 Analog-Digital-Umsetzer im Multiplexbetrieb

Überall dort, wo digitale Methoden oder Geräte nicht von vorneherein gegeben sind, ist ihre Einführung hauptsächlich eine Frage der damit verbundenen Kosten. Dabei fallen diejenigen der Analog-Digital-Umsetzung unter Umständen erheblich ins Gewicht. Es gibt nun Fälle, wo sich ein Umsetzer im zeitlichen Multiplex für mehrere Eingänge benutzen läßt z. B. in Systemen zur Prozeßsteuerung, zur Meßwertüberwachung oder auch bei der mehrkanaligen Fernsprechübertragung. Da die Kosten für die Analog-Digital-Umsetzung im allgemeinen erst oberhalb einer bestimmten Geschwindigkeit steiler ansteigen, werden die Umwandlungskosten pro Signalquelle umso niedriger, je mehr Quellen durch einen Umsetzer bedient werden können.

Das grundsätzliche Schaltbild eines Systems mit einer Zeitvielfachaus-
nutzung des Analog-Digital-Umsetzers zeigt Bild 3.40. Jede Quelle ist
mit einem Tiefpaß und einem Abtasthalteglied versehen. Die Abtasthalteglieder werden zyklisch von einer zentralen Steuerung betätigt, wodurch sich amplitudenmodulierte Impulse auf der am Eingang des Analog-
Digital-Umsetzers befindlichen Sammelschiene einstellen. Es werden dabei besondere Anforderungen an die Abtasthalteglieder gestellt, um Ne-
bensprechen zwischen den einzelnen Eingängen zu vermeiden. Die Zeit
für eine Umwandlung im Analog-Digital-Umsetzer muß kleiner sein als
die Abtastperiode für eine Quelle geteilt durch die Zahl der Eingänge. Nach der Übertragung bzw. Verarbeitung der Signale erfolgt die Digital-Analog-Umsetzung und Verteilung auf die den einzelnen Quellen
zugeordneten Verbraucher. Durch die Synchronisationsverbindung zwischen Sende- und Empfangsteil soll angedeutet werden, daß eine Zuordnung der Quellen zu den Verbrauchern festgelegt sein muß. Ist diese
Zuordnung durch Steuerung wählbar, so kann mit dieser Anordnung grundsätzlich auch die Funktion einer Durchschaltung im Sinne der Wählver-
mittlungstechnik bereitgestellt werden.

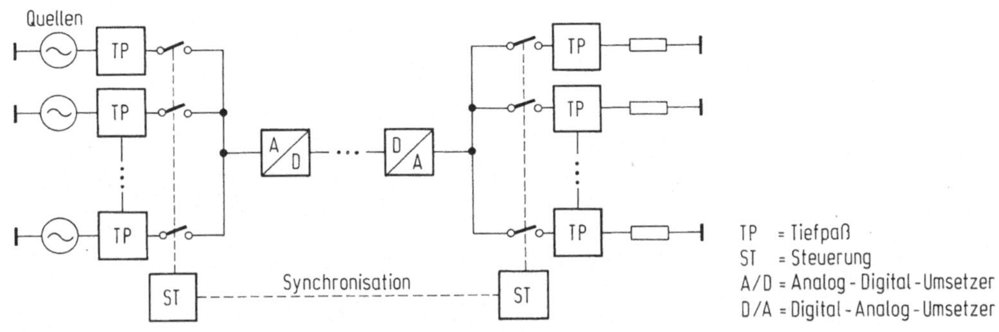

3.40. Blockschaltbild zum Zeitmultiplexbetrieb eines Analog-Digital-
bzw. Digital-Analog-Umsetzers

Das von der amerikanischen Firma ATT in Dienst gestellt T1-System, ein
PCM-System für 24 Telefonkanäle, benutzt z. B. einen Analog-Digital-Umsetzer für 12 Telefonkanäle. Entsprechend der neueren europäischen
CEPT-Empfehlung können 24 bis 32 Telefone an einen gemeinsamen Umsetzer angeschlossen werden, wobei die Abtastperiode für einen Einzelkanal
125 µs beträgt. Mit 8 bit pro Abtastung und Kanal fällt am Ausgang des
Umsetzers ein Datenfluß von 2.048 Mbit/s an.

3.6.4 Delta-Modulation

Eine weitere Möglichkeit der Verbilligung des Umwandlungsvorganges wird
in der sog. Deltamodulation [3.24] [3.25] gesehen. Sie kommt durch eine
extreme Vereinfachung des Umsetzers zustande. Der Grundgedanke ist, die
Differenzen aufeinanderfolgender Abtastwerte nur mit einem Bit zu co-
dieren. Der eigentliche Umsetzer (Bild 3.41a) besteht nur noch aus einem
Komparator, einem UND-Gatter und einem Approximationsnetzwerk, das im
Sender gleich wie im Empfänger einen Schätzwert für das Signal aus der
übertragenen Impulsfolge bildet. Der Komparator stellt fest, ob das
Signal größer oder kleiner ist als der Schätzwert und bestimmt über
das Gatter, ob ein Taktimpuls übertragen wird (Signal > Schätzwert)
oder nicht (Signal < Schätzwert).

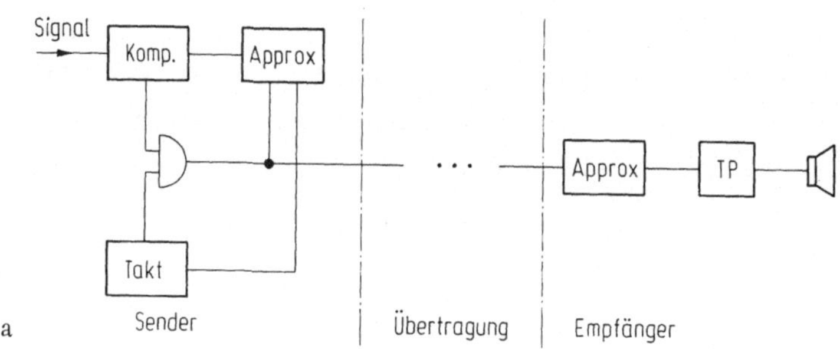

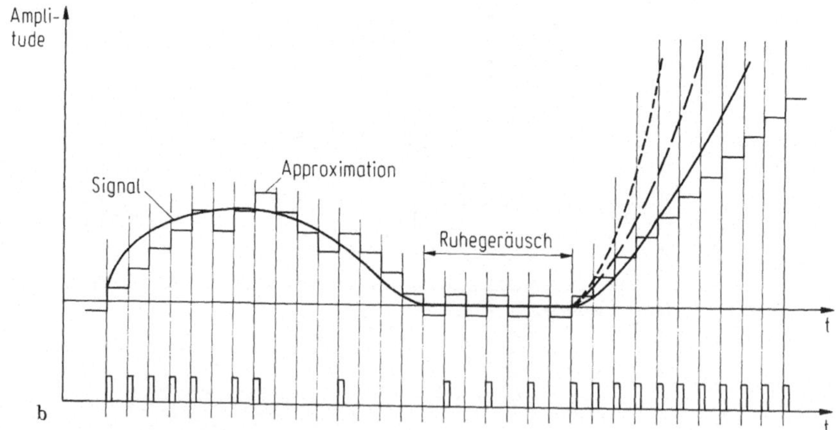

3.41a,b. Deltamodulation

  a. Blockschaltbild eines einfachen Deltamodulators
  b. Approximation der Signalspannung durch eine Stufenfunktion

In Bild 3.41b ist der Einfachheit halber eine stufenförmige Approximationsfunktion für den Schätzwert angenommen worden (in Wirklichkeit besteht die Approximationsfunktion aus einer Kombination der einfach und

doppelt integrierten Stufenfunktion). Infolge der nur angenäherten Nach-
bildung des Signals entsteht ein zusätzliches Quantisierungsgeräusch,
welches an den Stellen kritisch ist, wo das Signal für eine gewisse Zeit
zu Null wird oder sich schnell ändert. Ohne Signal entsteht ein Ruhegeräusch (Idle Noise), das von der Höhe der Stufe abhängt. Setzt man die
Stufenhöhe zur Verringerung des Ruhegeräusches herab, so kann die Stufenfunktion raschen Änderungen des Signals nicht schnell genug folgen
(Bild 3.41b), wodurch ein Übersteuerungsgeräusch (Overload noise) entsteht. Man muß also bezüglich der Stufenhöhe einen Kompromiß zwischen
dem Ruhegeräusch und dem Fehlergeräusch finden. Eine andere Möglichkeit ist eine adaptive Anpassung der Stufenhöhe an das Signal, wie sie
bei der adaptiven bzw. kompandierten Deltamodulation eingesetzt wird.
Der Umsetzer wird dadurch jedoch wieder aufwendiger.

Ein weiterer Parameter ist die Taktfolgefrequenz. Bei der einfachen
Deltamodulation ist die Taktfolgefrequenz und damit die notwendige
Übertragungskapazität etwa um 50 % höher als bei PCM (ca. 100 kbit/s
gegenüber 64 kbit/s bei PCM). Dagegen erreicht man mit kompandierter
Deltamodulation mit 32 kbit/s bereits etwa die gleiche Qualität wie
mit PCM [3.24].

Die Deltamodulation eignet sich besonders für die Sprachübertragung,
weil das Leistungsspektrum der Sprache bei hohen Frequenzen stark ab-
fällt. Für die Bildübertragung hat sich die Deltamodulation weniger
bewährt. Das Spektrum des Bildsignals fällt zwar zu hohen Frequenzen
hin ebenfalls ab, aber das Auge ist sehr empfindlich auf Schwarzweiß-
sprünge, die verfälscht werden.

Vom Prinzip her ist die Deltamodulation empfindlich gegen Übertragungs-
fehler. Es gibt Möglichkeiten zur Verbesserung. Es sei in diesem Zusammenhang auf die zitierte Fachliteratur verwiesen.

Der Vollständigkeit halber sei vermerkt, daß die Deltamodulation keine
duale Codierung des Analogsignals liefert.

3.6.5 Stochastische Analog-Digital-Umsetzung

Der Analog-Digital-Umsetzer als Bindeglied zwischen Analogsignal und
digitaler Verarbeitung bedeutet einen zusätzlichen Aufwand; niedrige
Herstellungskosten sind daher eine wichtige Nebenbedingung bei ihrem
Entwurf. Die stochastische Analog-Digital-Umsetzung ist ein originel-

66

ler gedanklicher Ansatz in dieser Richtung. Die Zugeständnisse liegen
im erheblichen Zeitbedarf, weshalb das Verfahren grundsätzlich nur für
niedrige Frequenzen in Betracht kommt. Auch ist die Codierung nicht
dual, sondern die Verschlüsselung des Analogwertes erfolgt in Form
einer statistischen Häufigkeit. Es gibt Meßgeräte [3.26], die direkt
zur Verarbeitung von derartigen Signalen ausgelegt sind.

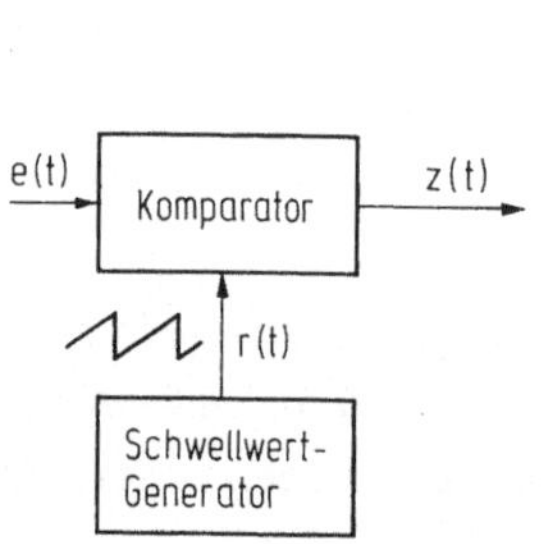

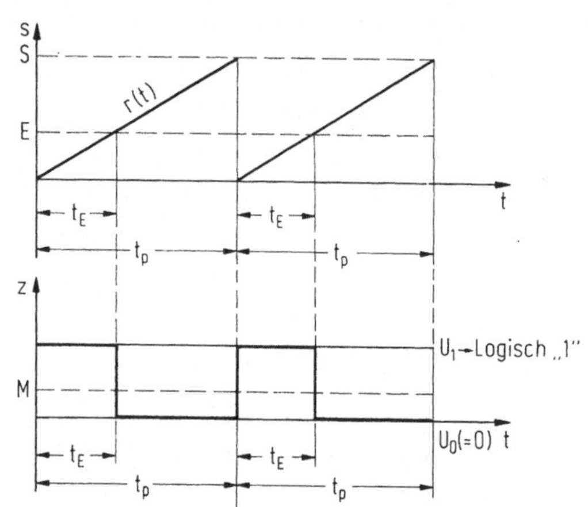

3.42. Blockschaltbild eines
stochastischen Analog-Digital-
Umsetzers

3.43. Verläufe der Spannungen
aus Bild 3.42

Wir treffen die Annahme, daß unsere zu codierende Spannung eine statio-
näre Größe e(t), im einfachsten Fall eine Gleichspannung mit dem Wert
e(t) = E sei, und daß wir mit der Wahrscheinlichkeit p die Häufigkeit
eines Ereignisses meinen. Der Analog-Digital-Umsetzer besteht laut
Bild 3.42 aus einem Komparator, der die Größe e(t) mit einer von einem
Vergleichswertgenerator gelieferten Spannung r(t) vergleicht und die
Ausgangsgröße z(t) dann zu $z(t) = U_1 \hateq$ "1" macht, wenn gilt $e(t) > r(t)$.
Ist r(t) eine Sägezahnspannung, welche in der Periode t_p gerade den
möglichen Wertebereich vom Minimal- zum Maximalwert durchläuft, so ist
aus Bild 3.43 aufgrund der Ähnlichkeit der Dreiecke die Beziehung ab-
lesbar (im Bild ist der Wertebereich $e(t): 0 \leqq E \leqq S$):

$$\frac{t_e}{t_p} = \frac{E}{S} \quad ,$$

oder anders gesagt, innerhalb der Periode t_p ist das Tastverhältnis
von z(t) gerade gleich t_E/t_p und damit ist der Mittelwert

$$M = \frac{1}{t_p} \int_0^{t_p} z(t)\, dt = E \text{ für } U_1 = S.$$

Wird nun der Vergleich von e(t) mit r(t) häufig wiederholt und das dabei entstehende Signal z(t) in statistischen Stichproben abgefragt, so ist die Wahrscheinlichkeit p dafür, daß z(t) = $U_1 \triangleq$ "1", ebenfalls gleich t_E/t_p. Diese Aussage bleibt gleich, wenn wir anstelle des Sägezahngenerators irgendeinen Generator mit gleicher Auftrittswahrscheinlichkeit für alle Amplitudenwerte innerhalb des Meßbereichs verwenden, z. B. eine Rauschspannung.

Der Analogwert E ist also verschlüsselt in der Auftrittswahrscheinlichkeit p des Zustandes logisch "1" der Größe z(t). z(t) ist nur der Werte "O" oder "1" fähig, ist also eine digitale, genau eine binäre Größe und kann z. B. in dieser Form übertragen werden. Es leuchtet ein, daß eine Bestimmung von E aus z(t) sich stets eines endlichen Zeitintervalles bedienen muß, so daß die so ermittelten Werte eine Streuung σ aufweisen werden, die sich aufgrund statistischer Zusammenhänge angeben läßt zu [3.26]

$$\sigma \left\{ \frac{M_T}{M} \right\} = \sqrt{\frac{1-p}{p} \; \frac{t_p}{2T}} \quad ,$$

wobei M_T den Mittelwert der aktuellen Stichprobe im Vergleich zum wahren Mittelwert M darstellt und das Zeitfenster der Beobachtung sich erstreckt auf $-T \leq t \leq T$. Hieraus geht hervor, daß man zur Erzielung kleiner Varianz, d. h. hoher Genauigkeit, eine entsprechend große Anzahl von Perioden t_p, in der die Vergleichsfunktion r(t) einmal das gesamte Intervall durchläuft, abwarten muß.

Neben dem Vorteil, auf einfachste Weise zu einem digitalen Signal zu gelangen, erhält man den weiteren Vorteil, daß die Digital-Analog-Umsetzung auf sehr einfache Weise durch Mittelwertbildung von z(t), z. B. mit Hilfe eines Tiefpaßfilters, erfolgen kann. Ein RC-Glied laut Bild 3.44 kann hierzu eingesetzt werden. Die Größe der Zeitkonstante $\tau = R\,C$ muß entsprechend der gewünschten Genauigkeit genügend groß gewählt werden, nämlich bei einer Genauigkeit auf n Dualstellen mit einem Fehler von $\pm$ der Hälfte der Stelle kleinster Wertigkeit, ist

$$\tau = 0,35 \; t_p \; n \; 2^n \quad .$$

Die Meßzeit t_M muß entsprechend der Einschwingzeit des RC-Glieds mehrere Zeitkonstanten betragen, d. h.

$$e^{-t_M/\tau} \leq \frac{1}{2^{n+1}}$$

mit einem Takt von 1 MHz, d. h. t_p = 1 µs, ergibt sich bei n = 10 bit
eine Meßzeit von 27 ms, bzw. bei n = 8 bit noch etwa 4,5 ms. Mit Hilfe
des Abtasttheorems geht aus diesen Zahlen hervor, daß damit bei n = 10
nur Frequenzen bis 18 Hz, bzw. bei n = 8 bis etwa 110 Hz verarbeitet
werden können. Mit einem Tiefpaß 2. Ordnung lassen sich diese Werte
noch um etwa eine Größenordnung verbessern.

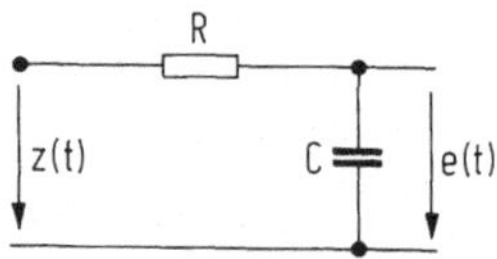

3.44. RC-Glied als einfacher Digital-Analog-Umsetzer für den stochastischen Code

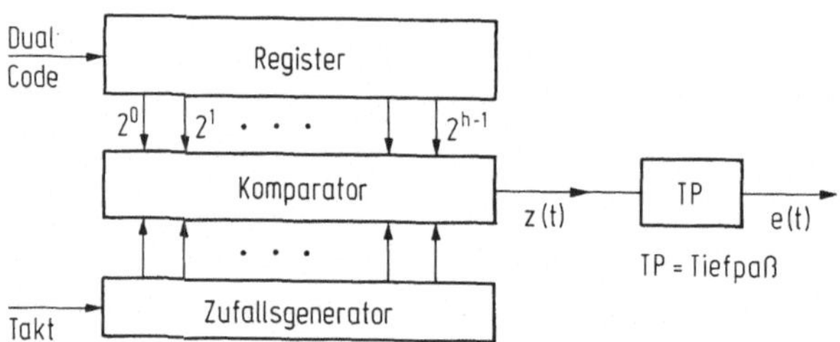

3.45. Digital-Analog-Umsetzer für den Dualcode mit stochastischer Codierung als Zwischenschritt

Ein weiterer Vorteil ist, daß die Digital-Analog-Umsetzung eines dual
codierten Wertes in seinen Analogwert auf dem Umweg über den stochastischen Code auf einfache Weise mit Hilfe von Standardbausteinen der
integrierten Digitaltechnik zu bewerkstelligen ist, wie aus Bild 3.45
hervorgeht: Das Dualcodewort wird in ein Register geschrieben und mittels eines digitalen Komparators sein Wert mit einem Generator für Zu-
fallszahlen [3.27] verglichen. Da nur gefordert ist, daß alle Werte
gleich häufig vorkommen, kann anstelle des Zufallsgenerators auch ein
Auf- und Abwärtszähler verwendet werden bzw. ein Zähler, der eine dem
Bereich entsprechende Zahlenfolge mit gleicher Häufigkeit periodisch
erzeugt. Am Ausgang des Komparators entsteht z(t), das über einen Tiefpaß in e(t), den Analogwert umgewandelt wird. Es sind also keine Prä-
zisionsstromquellen bzw. Widerstände wie bei den in Abschnitt 4.2 und
4.3 besprochenen Verfahren erforderlich.

Unter Verwendung des zyklischen Verfahrens mit einem Digital-Analog-Umsetzer im Rückkopplungspfad (Bild 3.27) läßt sich auf diese Weise ein
einfacher, wenn auch langsamer Analog-Digital-Umsetzer aufbauen.

Obwohl aus den bisherigen Betrachtungen hervorgeht, daß das Verfahren
nur für niedrige Frequenzen einsetzbar ist, wurde in der Codierung
von Videosignalen eine dort unter dem Stichwort "dithering" bekannt
gewordene Methode eingesetzt, um aus einer Folge von binären Impulsen über den Fernsehbildschirm und das Auge ein Bild mit Grauwerten,
also einen dem analogen Videosignal in der subjektiven Wirkung nahe-
kommenden Eindruck zu erzeugen [3.28]. Werden die Umschaltschwellen
eines Analog-Digital-Umsetzers mit geringer Auflösung, z. B. 4 bit,
durch eine überlagerte "dithering" Spannung modifiziert, so lassen
sich die sonst auftretenden Kontour-Effekte vermeiden bzw. mildern.

3.7 Zusammenfassung

Als wesentliche Koordinaten der Analog-Digital-Umsetzung lassen sich
Genauigkeit, Geschwindigkeit und technischer Aufwand zur Realisierung
festhalten. Die Genauigkeit und die Geschwindigkeit sind im allgemeinen durch die Anwendung vorgegeben, d. h. das zulässige Quantisierungsgeräusch einerseits und die höchste zu codierende Frequenz andererseits sind die Eckpfeiler des Entwurfs.

Der technische Aufwand ist qualitativ und allgemeingültig schwer er-
faßbar. Zwei Tendenzen sind jedoch erkennbar: 1. Innerhalb des Umset-
zens versucht man die Schnittstelle zwischen Analog- und Digitalschaltungen möglichst zugunsten der Digitaltechnik zu verschieben. 2. Es
werden Verfahren bevorzugt, die den monolithisch integrierten Schal-
tungstechnologien entgegenkommen, da sie langfristig erhebliche Vorteile versprechen. Schritte auf diesem Weg sind Verfahren, welche weniger hohe Anforderungen an die Präzision der Bauelemente stellen, und
solche, welche unter Einführung zweckmäßiger Zwischengrößen eine indirekte Umsetzung vornehmen bzw. ein digitales Ausgangssignal ohne duale Codierung liefern.

Als relatives Maß für die Geschwindigkeit ist die Zahl der vorzuneh-
menden Meßschritte, als relatives Maß für den Aufwand die Anzahl der
im Zuge einer Umsetzung eingesetzten Normale verwendet worden. Einen
Vergleich für eine Genauigkeit von 10 bit für die charakteristischen
Verfahren der Parallelumsetzung, der Umsetzung nach dem Wägeprinzip
und nach dem einfachen Zählverfahren zeigt Tabelle 3.4.

Entsprechend den vorherigen Abschnitten hat sich das Wägeverfahren
als gemeinsamer Durchschnitt des erweiterten Parallel- und Zählverfahrens herausgestellt. Das Wägeverfahren stellt häufig einen guten

Kompromiß zwischen Aufwand und Geschwindigkeitsanforderungen an die
Bauelemente dar, ist jedoch nicht optimal, wenn das Produkt aus N i
minimal werden soll: Das Optimum liegt im Bereich des erweiterten Parallelverfahrens. Auch die relative Ausnutzung eines Normals, defi-
nierbar als die pro Normal verarbeitete Bandbreite, hat ihr Maximum
im Bereich des erweiterten Parallelverfahrens, also einer Realisierung in Kaskadenform.

Tabelle 3.4: Vergleich typischer Umsetzungsverfahren für eine
Genauigkeit von 10 bit

	Parallelverfahren	Wägeverfahren	Zählverfahren
Normale N	1023	10	1
Schritte i	1	10	1023

Der gewählten Einteilung, welche sich an der leicht erkennbaren Struktur orientiert und demzufolge die Parallel-, Kaskaden- und zyklischen
Umsetzer unterscheidet, sei diejenige von Best [3.1] gegenübergestellt, welche eine nach morphologischen Kriterien entworfene ist.
Sie ist in Tabelle 3.5 dargestellt.

Das erste Unterscheidungsmerkmal ist "direkt" bzw. "indirekt". Mit
"indirekt" ist wie in der vorliegenden Darstellung die Verwendung
einer Hilfsgröße gemeint. Das zweite Merkmal "mit" oder "ohne" Rückkopplung trennt die rein parallel arbeitenden Umsetzer von den übrigen
ab. Mit Rückkopplung arbeitet die Mehrzahl der Umsetzer. Mittels
eines Komparators wird auf dem Wege der Kompensation eine sukzessive
Approximation vorgenommen, wobei nachfolgende Schritte die in vorhergehenden Schritten gewonnene Teilinformation mitverwenden.

Wenn mehr als ein Bit pro Schritt gebildet wird, so kann dies nur parallel erfolgen. Das Meßergebnis wird verwendet, um anschließend ("postsubtraktiv") einen Grobwert vom Signal abzuziehen. Die Kaskadenverfahren sind demnach postsubtraktiv. Sie können eine oder mehrere Dualstellen pro Schritt ermitteln.

Mit einem Komparator läßt sich maximal 1 Bit pro Schritt bilden, indem
man als ersten Versuch vor dem Vergleich (Präsubtraktiv) den halben
Meßbereich abzieht. Um eine monotone Approximation zu erreichen, kann
man schließlich nur Werte von der Größe der kleinsten Quantisierungs-

Tabelle 3.5: Klassifizierung der Analog-Digital-Umsetzer [3.1]

<table>
<tr><td colspan="11">Direkte ADC</td><td colspan="4">Indirekte ADC</td></tr>
<tr><td colspan="2">Ohne Feedback</td><td colspan="9">Mit Feedback</td><td colspan="3">Ohne Feedback</td><td colspan="1">Mit Feedback</td></tr>
<tr><td>Rein elektronisch</td><td>Nicht rein elektronisch</td><td colspan="2">Nicht bit-weise</td><td colspan="7">bit-weise</td><td colspan="2">Zwischensignal = Zeitintervall</td><td>Zwischensignal = Frequenz</td><td rowspan="5">(Kombinierte Systeme)</td></tr>
<tr><td rowspan="4">Paralleler ADC</td><td rowspan="4">"Codierer"</td><td rowspan="4">Servo – ADC einstufig</td><td rowspan="4">Servo – ADC mehrstufig</td><td colspan="4">1 Bit/Takt (sequentiell)</td><td colspan="3" rowspan="2">1 Bit/Takt (sequentiell-parallel) nur postsubtraktiv</td><td>Einfach-Intervall-Methode</td><td>Mehrfach-Intervall-Methode</td><td rowspan="4">"Voltage-to-Frequency ADC"</td></tr>
<tr><td>prä-subtraktiv</td><td colspan="3">postsubtraktiv</td><td rowspan="3">"Ramp – type ADC"</td><td rowspan="3">"Dual – Slope ADC" (Triple – Slope ADC etc.)</td></tr>
<tr><td rowspan="2">"ADC mit sukzessiver Approxomation"</td><td colspan="2">synchron</td><td>asynchron</td><td colspan="2">synchron</td><td>asynchron</td></tr>
<tr><td>Zwischenspeicherung statisch</td><td>Zwischenspeicherung dynamisch</td><td>"Kaskaden – ADC"</td><td>Zwischenspeicherung statisch</td><td>Zwischenspeicherung dynamisch</td><td>"Kaskaden – ADC"</td></tr>
</table>

stufe abziehen. Weitere Unterscheidungsmerkmale lassen sich aus der
Art des Betriebes ("asynchron" oder "synchron") und der Zwischenspeicherung von Meßergebnissen ("dynamisch" oder "statisch") gewinnen.

Eine bedeutungsvolle, in diesem Zusammenhang nicht näher behandelte
Art von Codierern erhält man, wenn vom Signal Werte abgezogen werden,
welche aus weiter in der Vergangenheit zurückliegenden Abtastwerten
durch Prädiktion ermittelt wurden. Ein solches Verfahren ist z. B.
die Deltamodulation. Hiermit ist es möglich, erheblich höhere Genauigkeit mit geringer Stellenzahl der Codierung zu erreichen, wie das
z. B. bei der Differenz-Pulscodemodulation (DPCM) der Fall ist. Wenn
das zu codierende Signal bekannt ist (Sprache, Fernsehen), sind diese
Methoden sehr effizient.

3.8 Schrifttum zu Abschnitt 3

3.1   Best, R.E.: Eine Systemtheorie der DA- und AD-Converter und ihre
      Anwendung auf die Konstruktion schneller AD-Converter. Disserta-
      tion Nr. 4785. Zürich: Eidgen. Techn. Hochschule 1971

3.2   Schmid, H.:Electronic analog/digital conversions. New York: Van
      Nostrand Reinhold Comp. 1970

3.3   Bernina, D.; Barger, J.R.: High-speed, high-resolution A/D con-
      verters: here's how. EDN (1973) June 5, 62

3.4   Tietze, U.; Nürmberger, H.: Persönliche Mitteilung. Lehrstuhl für
      Technische Elektronik, Universität Erlangen-Nürnberg 1975

3.5   Koscielniak, H.; Seitzer, D.: Eine neue Struktur für schnelle Ana-
      log/Digital-Umsetzer. Nachrichtentechn. Z. 29 (1976) 7, 535-537

3.6   Schindler, H.R.: Using the latest semiconductor circuits in a UHF
      digital converter. Electronics 36 (1963) Aug. 30

3.7   Hanke, G.: PCM-System in integrierter Schaltungstechnik für Fern-
      sehübertragungen. Nachrichtentechn. Z. 22 (1969) 11, 621-627

3.8   Smith, B.D.: An unusual electronic analog-digital conversion me-
      thod. IRE Trans. PGI-5 (1956), 155

3.9   Hornak, Th.: A high precision component-tolerant A/D converter.
      IEEE J. SC-10 (1975) 6, 386-391

3.10 Bell Telephon Monograph 5057: Experimental 224 MB/S PCM-system.
      Murray Hill, NJ. USA: Bell Telephone Lab. 1965

3.11 Krull, K.: Ein PCM-Codierer für Breitbandsignale. Nachrichtent.
      Fachber. 42 (1972), PCM-Technik

3.12 Arbel, A.; Kurz, R.: Fast analog-digital-converter. IEEE Trans.
      NS-22 (1975) 2, 446-449

3.13 Blandowski, R.; Grau, J.; Uhlenbrock, W.: Ein schneller 10-bit-Analog-Digital-Umsetzer mit MSI-Elementen. Intern. Elektron. Rdsch. 23 (1969) 3, 57

3.14 McCreary, J.L.; Gray, P.R.: All-MOS charge redistribution analog-to-digital conversion techniques - part I. IEEE J. SC 10 (1975) 6, 371-379

3.15 Schmid, H.: Electronic analog/digital conversions. New York: Van Nostrand Reinhold Comp. 1970

3.16 Candy, J.C.: A use of limit cycle oscillations to obtain robust analog-to-digital converters. IEEE Trans. COM-22 (1974) 3, 298-305

3.17 Candy, J.C.; Ninke, W.H.; Wooley, B.A.: A per-channel A/D converter having 15-segment μ-255 companding. IEEE Trans. COM-24 (1976) 1, 33-42

3.18 Ritchie, G.R.; Candy, J.C.; Ninke, W.H.: Interpolative digital-to-analog converters. IEEE Trans. COM-22 (1974) 11, 1797-1806

3.19 Kime, R.C.: The charge-balancing a-d converter: an alternative to dual-slope integration. Electronics 46 (1973) 11, 97-100

3.20 McCreary, J.L.; Gray, P.R.: All-MOS charge redistribution analog-to-digital- conversion techniques - part I. IEEE J. SC 10 (1975) 6, 371-379

3.21 Croisier, A.; Jacquart, C.: A single channel PCM coder. Proc. 1972 intern. Zurich seminar on integr. syst. for speech, video and data commun., F2, 1-4

3.22 Euler, K.; Schlichte, M.; Pfrenger, E.: A PCM single-channel code in LSI technology with a 13-segment characteristic. Proc. 1974 intern. Zurich seminar on digital commun., B2, 1-4

3.23 Schoeff, J.A.: A versatile integrated codec for PCM systems. Proc. intern. Zurich seminar on digital commun., B4, 1-6

3.23 Schindler, H.R.: Delta modulation. IEEE spec. 7 (1970) 10, 69-78

3.24 Jayant, N.S.: Digital coding of speech waveforms: PCM, DPCM, and DM quantizers. IEEE Proc. 62 (1974) 5, 611-632

3.26 Wehrmann, W.: Einführung in die stochastisch-ergodische Impulstechnik. Wien, München: R. Oldenbourg 1973

3.27 Corradetti, M.; Oliva, I.: MOS A/D and D/A converter circuits based on the stochastic principle: reliability and aconomicity for industrial control and data processing systems. Vortrag beim Intern. Mikroelektronik-Kongreß, München 1972

3.28 Roberts, L.G.: Picture coding using pseudo-random noise. IRE Trans. IT-8 (1962) 145-154

3.29 Smarandoiu, G.; et al.: An ALL-MOS analog-to-digital converter using a constant slope approach. IEEE J. SC-11 (1976) 3, 408-410

4. Digital-Analog-Umsetzer

4.1 Einleitung

Die Digital-Analog-Umsetzung dient der Rückgewinnung des Analogsignals
aus dem codierten Wert. Sie ist nicht die inverse Operation zur Analog-
Digital-Umsetzung, da die Quantisierung nicht rückgängig zu machen ist.
Sie ist deswegen auch einfacher. Aus einer Reihe bekannter Größen, den
n Dualstellen b_0 bis b_{n-1}, ist eine Größe, nämlich S, der ursprüngliche Abtastwert, bis auf den Quantisierungsfehler zu bestimmen, während
umgekehrt bei der Analog-Digital-Umsetzung aus einem Wert eine Anzahl
von n Größen zu bilden ist.

Die Einfachheit der Digital-Analog-Umsetzung hat in der zyklischen
Struktur (Abschnitt 3.4) zu einer sehr wirtschaftlichen Form des Analog-Digital-Umsetzers geführt. Von dieser grundsätzlichen Möglichkeit
wird auch beim stochastischen Umsetzer (Abschnitt 3.6.5), beim interpolativen Umsetzer (Abschnitt 3.4.4), im Prinzip auch bei der Deltamodulation (Abschnitt 3.6.4) Gebrauch gemacht. Die diesbezüglichen Digital-Analog-Umsetzer sind in den erwähnten Abschnitten mit besprochen.
Auch der noch zu besprechende Digital-Analog-Umsetzer nach dem Prinzip
der Ladungsumverteilung (Abschnitt 4.5) ist zur Verwirklichung eines
Analog-Digital-Umsetzers verwendet worden [4.1].

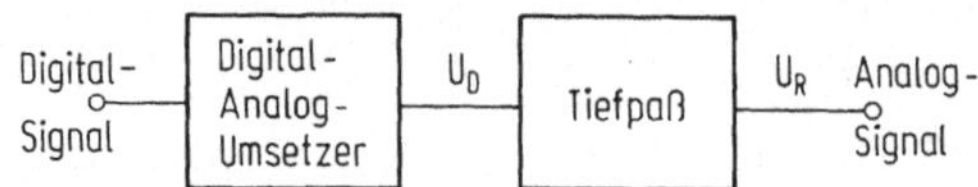

4.1. Schaltung zur Rückgewinnung des Analogsignals

Zur Rückgewinnung des Analogsignals bedient man sich einer Anordnung
nach Bild 4.1. Grundsätzlich rekonstruiert der Digital-Analog-Umsetzer
die Folge der Stichproben laut Bild 2.1a als Signal u_D an seinem Ausgang, der anschließende ideale Tiefpaß mit einer Übertragungscharakteristik laut Bild 4.2 wirkt als Interpolator und liefert ein Signal u_R
mit dem ursprünglichen Spektrum, die Abweichung besteht nur im Quan-
tisiergeräusch.

Praktisch liefert der Digital-Analog-Umsetzer Impulse mit wechselnder Amplitude und endlicher Breite t_S (Bild 4.3). Um die Energie des Signals zu vergrößern, wird t_S oft auf die Dauer T_A des Abtastintervalls vergrößert. Diese Erweiterung auf eine Treppenfunktion bewirkt soviel wie eine Multiplikation des Signalspektrums mit der Funktion

$$\frac{\sin \pi \frac{t_S}{2T_A}}{\pi \frac{t_S}{2T_A}} \quad ,$$

d. h. bei der höchsten Frequenz $B = \frac{1}{2T_A}$ erfolgt bereits ein Abfall um den Faktor $\frac{\sin \pi/2}{\pi/2} = 0,637$. Durch entsprechende Dimensionierung des Tiefpasses kann diese Verformung des Spektrums wieder ausgeglichen werden. Die Approximation der Signalfunktion aus einer Reihe von Stützwerten mittels geeigneter Interpolationsfilter ist ausführlich untersucht worden [4.2].

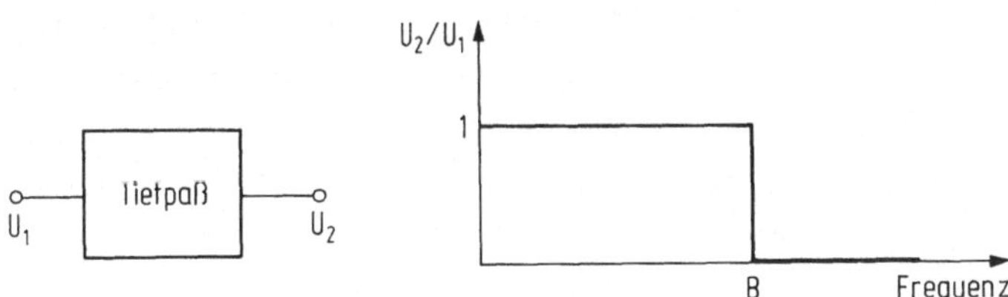

4.2. Tiefpaß mit idealer Übertragungscharakteristik als Interpolator zwischen den Stichproben

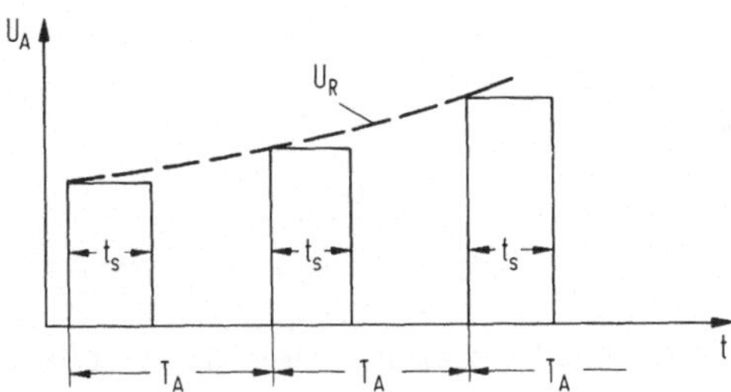

4.3. Impulsfolge am Ausgang des Digital-Analog-Umsetzers, bestehend aus Stichproben der Dauer t_S

4.2 Verfahren der gewichteten Ströme

Das Verfahren der gewichteten Ströme beruht auf der rückwirkungsfreien Addition von dual abgestuften Strömen mit Hilfe eines an die Sammelschiene für die Ströme angeschlossenen Operationsverstärkers (Bild 4.4).

Die Ströme werden entsprechend der Wertigkeit des dualen Code aus einer Referenzspannung U_{REF} über entsprechend abgestufte Widerstände erzeugt, wobei die Schalter den Strom auf die Sammelschiene leiten, wenn die als Steuersignale für die Schalter anliegende Information "1" ist, bzw. gegen Masse ableiten, wenn die Information "O" ist.

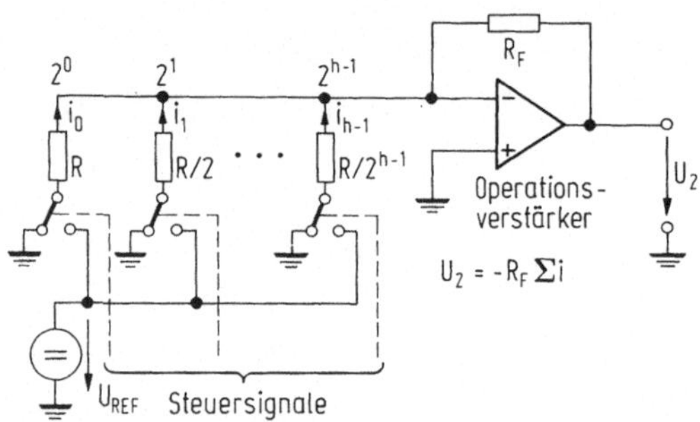

4.4. Prinzipschaltbild zum Verfahren der gewichteten Ströme

Eine gebräuchliche Schaltung zur Verwirklichung eines der gewichteten Ströme in Verbindung mit einem Umschalter entsprechend Bild 4.5a zeigt Bild 4.5b. Sie besteht aus einem übersteuerten Differenzverstärker (auch direkt "Stromschalter" genannt), der den Strom i_O nach Maßgabe des Steuersignals entweder über den Transistor T1 nach Masse ableitet oder über T2 der Sammelschiene zuführt.

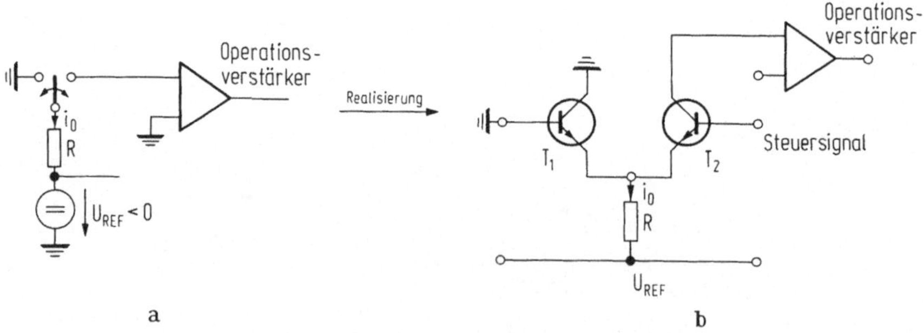

4.5a,b. Zur Realisierung des Schalters
a. Prinzipschaltbild
b. Ausführung mit bipolaren Transistoren

Die Schaltung hat folgende Vorteile:

Die Referenzspannung wird unabhängig von der Information immer mit dem gleichen Strom belastet. Beim Umschalten ändert sich die Belastung ebenfalls nicht; Störspannungen aufgrund von Einschwingvorgängen auf Speiseleitungen entfallen deswegen. Der Schalter schaltet zwischen

Masse und virtueller Masse des Operationsverstärkers ι . Der Spannungshub am Widerstand ist deswegen Null, dadurch müssen keine Kapazitäten umgeladen werden, was ebenfalls zur Verkürzung der Einschwingzeit beiträgt.

Als Nachteile sind zu vermerken:

Die Präzisionswiderstände sind bei großer Genauigkeit stark verschieden. Da jede integrierte Schaltungstechnologie in optimaler Weise nur einen begrenzten Wertebereich überstreicht, ergeben sich herstellungstechnische Schwierigkeiten.

Die Anforderungen an die Genauigkeit sind bei entsprechender Anzahl von Stellen sehr hoch. Der kleinste Widerstand $R/2^{h-1}$ muß so genau sein, daß sein Stromfehler kleiner ist als dem Strom i_O der niedrigsten Wertigkeit entspricht. Bei 10 bit entspricht eine Genauigkeit von 0,5 % gerade dem Anteil der kleinsten Stelle. Da die Ströme der höheren Gewichte aus Gründen der Erwärmung begrenzt sind, werden die Ströme der niedrigen Gewichte sehr klein, so daß die Leckströme Schalter eine weitere Fehlerquelle darstellen können.

Bezüglich weiterer Realisierungsmöglichkeiten der Schalter wird auf Abschnitt 5.1 verwiesen.

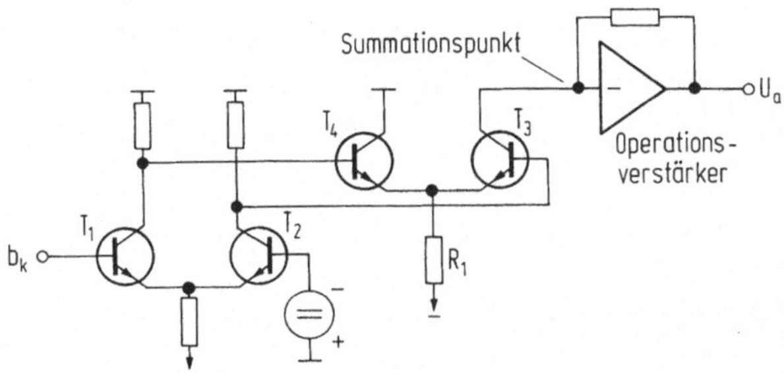

4.6. Einsatz eines integrierten ECL-Bausteins zur Verwirklichung eines Stromschalters mit Gewichtung durch den externen Widerstand R_1

Eine sehr schnelle Version eines Digital-Analog-Umsetzers mit gewichteten Strömen, die wenigstens bis zu 10 MHz Abtastfrequenz arbeitet, läßt sich mit integrierten Bausteinen der ECL-Logikfamilie bauen, wenn die Genauigkeit nicht höher als 6 Stellen zu sein braucht [4.3]: Das Prinzip beruht auf dem Einsatz von zwei Stromschaltern für eine Dualstelle entsprechend Bild 4.6. Die betreffende Dualstelle wird als 1 oder O an die Basis des Transistors T1 gelegt. Ist b_K = 1, d. h. die

Basis auf "HIGH", so fließt der durch R_1 gewichtete Strom in den Summationspunkt des Operationsverstärkers für u_A, ist $b_K = 0$, fließt er über T_4 ab nach Erde.

Da ein ECL-Gatter einen Differenzverstärker am Eingang und zwei Emitterfolger am Ausgang enthält, deren Kollektoren getrennt von denjenigen der Differenzverstärker herausgeführt sind (MC 10101), läßt sich die Schaltung 4.6 mit zwei Gattern G_1 und G_2 entsprechend Bild 4.7 verwirklichen. Man benötigt ein zweites Gatter, da der Strom im einen Gatter zwar von einem Emitterfolger auf den anderen umgeschaltet wird, aber deren Kollektoren gemeinsam nach außen geführt sind. T_3 befindet sich in G_1, T_4 in G_2.

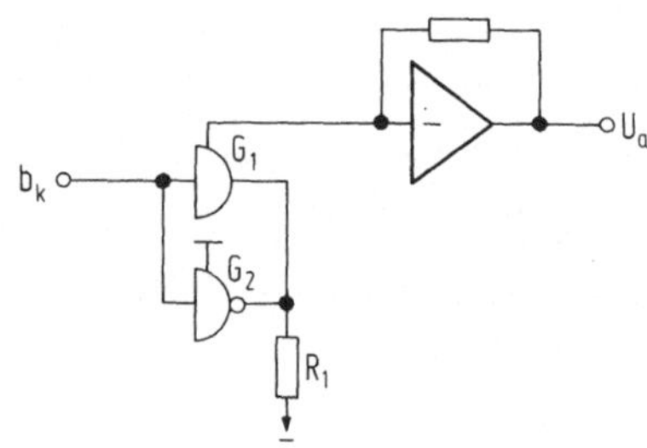

4.7. Gesamtschaltung für eine gewichtete Dualstelle, bestehend aus 2 Grundgattern

Ein vollständiger Umsetzer ergibt sich, wenn man die übrigen Stellen genau entsprechend, jedoch mit anderen Widerständen R_1 zur verschiedenen Gewichtung, aufbaut. Die maximale Geschwindigkeit ist durch den Ausgangsverstärker begrenzt und nicht durch die Schaltgeschwindigkeit der Gatter.

4.3 Digital-Analog-Umsetzer mit Leiternetzwerk

Die in Bild 4.8 gezeigte Schaltung stellt einen Digital-Analog-Umsetzer dar, der mit gleichen Strömen und damit auch mit gleichen Widerständen in Verbindung mit der Referenzspannung U_{REF} bei der Verwirklichung der Stromquellen arbeitet. Die Schalter werden von der Information gesteuert und schalten zwischen Masse und einem Einspeisungspunkt des Leiternetzwerkes um. Die Gewichtung der einzelnen Ströme besorgt das Leiternetzwerk, bei dualer Stufung dämpft jedes Glied gerade um den Faktor 2. Man kann sich das Leiternetzwerk entstanden denken aus einer Kette von π-Gliedern (Bild 4.9) mit den Längswiderständen R_n

und den Querwiderständen r_n. Aus dem geforderten Spannungsverhältnis $U_{n-1}/U_n = a < 1$ lassen sich R_n und r_n ermitteln zu

$$R_n = R(\frac{1}{a} - a)$$

$$r_n = 2R(\frac{1 + \frac{1}{a}}{\frac{1}{a} - 1}) \; .$$

Faßt man für die Verwirklichung die beiden Querwiderstände r_n zusammen, so wird bei dualer Stufung der Längswiderstand gerade halb so groß wie der Querwiderstand. Die Spannung am Punkt der Einspeisung ergibt sich aus dem Strom und dem Widerstand R, den man am Einspeisungspunkt in die Schaltung hineinsieht. Die Größe R ist wählbar nach Maßgabe herstellungsmäßiger Erfordernisse.

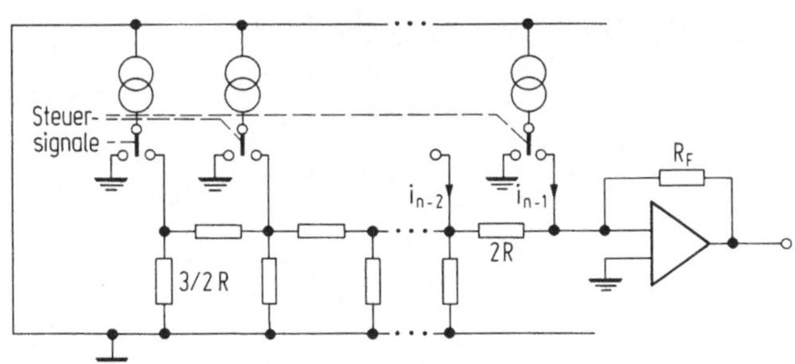

4.8. Digital-Analog-Umsetzer mit Gewichtung durch ein Widerstandsleiter-netzwerk

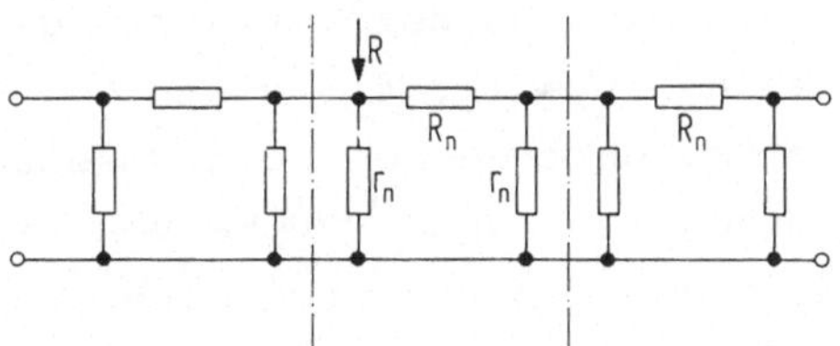

4.9. Kette von π-Gliedern zur Gewichtung der Ströme

Eine Modifikation der Widerstände ist am Anfang und Ende der Leiterkette erforderlich. Am Ende, weil die Stromaufteilung und damit die Impedanz R am Einspeisepunkt auch für die letzte Quelle gehalten werden soll, am Anfang, weil der Strom höchster Wertigkeit am Eingang des Operationsverstärkers nicht die Impedanz R sieht, sondern virtuell an Masse liegt, d. h. voll über R_F zum Ausgang geleitet wird. Den Widerstand am Ende bekommt man aus folgender Überlegung: Die Impedanz R am Einspeisepunkt ergibt sich durch Parallelschaltung dreier Widerstände jeweils des Wertes 3 R, je einmal gegen Masse, nach links und nach

rechts gesehen. Am Ende der Kette lassen sich der nach links und der
gegen Masse gesehene Widerstand zum Wert 3/2 R zusammenfassen. Andererseits wird der Strom i_{n-2} gegenüber dem voll in den Eingang des Operationsverstärkers fließende Strom i_{n-1} gerade um den Faktor 2 abgeschwächt
wenn der Widerstand gegen Masse zu 6 R gewählt und derjenige zum Eingang
des Operationsverstärkers (virtuelle Masse) gleich 2 R wird.

Der Nachteil dieses Verfahrens liegt in der größeren Anzahl von Widerständen 2(n-1) als beim Verfahren der gewichteten Ströme. In der Praxis werden beide Verfahren kombiniert, um weniger Widerstände als beim
reinen Leiternetzwerk und weniger verschiedene Ströme als beim Verfahren der gewichteten Ströme zu bekommen.

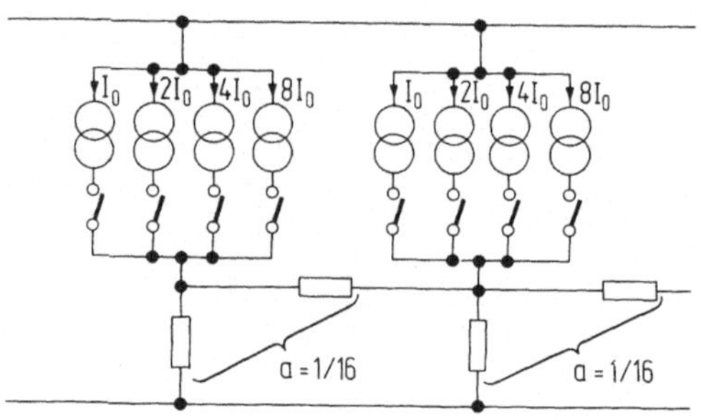

4.10. Kombination von gewichteten Strömen und Leiternetzwerk als Teil
eines Digital-Analog-Umsetzers mit 12 bit Auflösung

Im Bild 4.10 ist eine Kombination beider Verfahren gezeichnet, bei der
mit drei Gruppen von im Verhältnis 1:2:4:8 gestuften Strömen, die über
ein Leiternetzwerk zusammengeführt werden, ein Umsetzer von 12 bit Genauigkeit verwirklicht worden ist. Jede Gruppe von vier Stromquellen
erlaubt eine Unterscheidung von 4 bit. Durch einen Teiler im Verhältnis 1:16 ist die Wirkung des größten Stromes der ersten Gruppe gerade
um einen Faktor 2 kleiner als die Wirkung des größten Stromes der darauf folgenden Gruppe. Bei der Verwirklichung in integrierter Form ist
außerdem darauf geachtet, daß die Ströme verschiedener Größe durch Parallelschaltung von mehreren Strömen gleicher Größe i_0 erzeugt werden,
weil durchweg Transistoren und Widerstände gleicher Geometrie verwendet sind, was überall zu gleicher Stromdichte führt. Dabei läßt sich
die Genauigkeit, Temperaturkonstanz und ein guter Gleichlauf des Tem-
peraturganges erreichen. Verbleibende Fehler aufgrund der Temperatur-
drift werden weitgehend eliminiert dadurch, daß von vorneherein nur
Transistoren mit $\beta > 300$ und einer Übereinstimmung der Basis-Emitterspannung U_{be} bis auf 1 mV verwendet werden. Außerdem wird über einen

Operationsverstärker eine Stromänderung über eine Gegenkopplungsschaltung kompensiert. Die Daten, die erreicht werden, sind 12 bit bei 25° C, eine Genauigkeit von 0,01 %, ein Temperatur-Koeffizient von $5 \cdot 10^{-6}$ im Bereich von $-55^O < T < +125^O$, das Einschwingen auf 0,01 % vom Endwert dauert 1,8 µs.

Eine zeitgemäße Modifikation des Verfahrens im Hinblick auf die Verwendung integrierter Ladungstransferschaltungen (CCD = Charge Compled Device) wird in [4.5] vorgeschlagen: Anstelle der Stromquellen tritt ein CCD-Schieberegister, in welches die zu decodierende 0,1-Folge eingeschrieben wird. Die Anzapfungen sind direkt an die Fußpunkte der Widerstände des Kettenleiters gelegt und ersetzen die Referenzspannung. Die Summation erfolgt nach dem Einschreibevorgang über einen Summierverstärker mit Abtasthalteglied. Ein 10bit-Umsetzer auf dieser Basis wird für möglich gehalten.

4.4 Shannon-Rack-Decoder als Digital-Analog-Umsetzer

Der Shannon-Rack-Decoder möge als Beispiel für eine völlig andersartige Möglichkeit zur Digital-Analog-Umsetzung stehen. Er ist ebenso genial wie einfach und darin liegt seine Bedeutung, obwohl er sich in der Praxis aufgrund von Toleranzproblemen und der erforderlichen Form der Codierung nicht durchgesetzt hat.

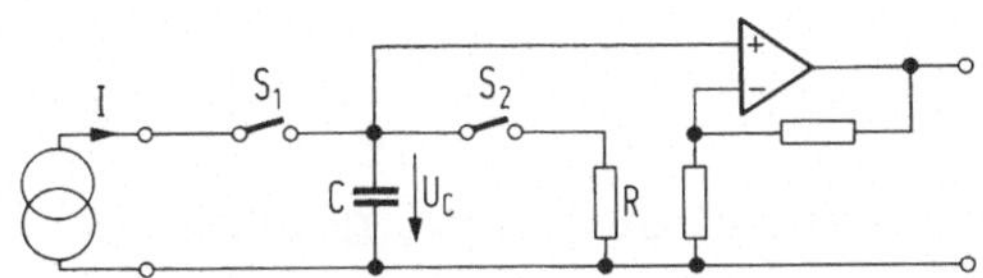

4.11. Prinzipschaltung des Shannon-Rack-Decoders

Die grundsätzliche Anordnung zeigt Bild 4.11. Ein Kondensator C wird über einen von der Information gesteuerten Schalter S_1 mit konstantem Strom zeitlinear aufgeladen und über den Schalter S_2 sowie den Widerstand R wieder entladen. Die dual codierte Information zur Steuerung von S_1 muß in serieller Form mit der Stelle niedrigster Wertigkeit zuerst angelegt werden. Der Bit-Takt dauert eine Zeit T, welche in gleich große Abschnitte der Dauer T/2 unterteilt wird. Der Schalter S_1 wird im Fall einer Eins während der ersten Takthälfte geschlossen zur Aufladung von C, im Fall einer Null bleibt er offen. In der zweiten Takthälfte bleibt er stets offen, wogegen S_2 periodisch während der ersten Takthälfte offen und während der zweiten Takthälfte zur Entladung von C geschlossen wird.

Die Gewichtung wird herbeigeführt dadurch, daß die Zeitkonstante des RC-Glieds der Bedingung 0,7 RC = T/2 genügt, wodurch sich die Spannung in jeder Takthälfte gerade um den Faktor 2 verringert; durch Überlagerung aller Anteile, die durch den zeitlichen Abstand vom Beginn mit entsprechenden Potenzen von zwei gewichtet werden, entsteht eine Spannung am Kondensator, welche nach Ablauf aller Stellen des Codewortes gerade den der digitalen Information entsprechenden Analogwert annimmt. Ein Beispiel mit einer Folge 1001 ist in Bild 4.12 zur Verdeutlichung angegeben.

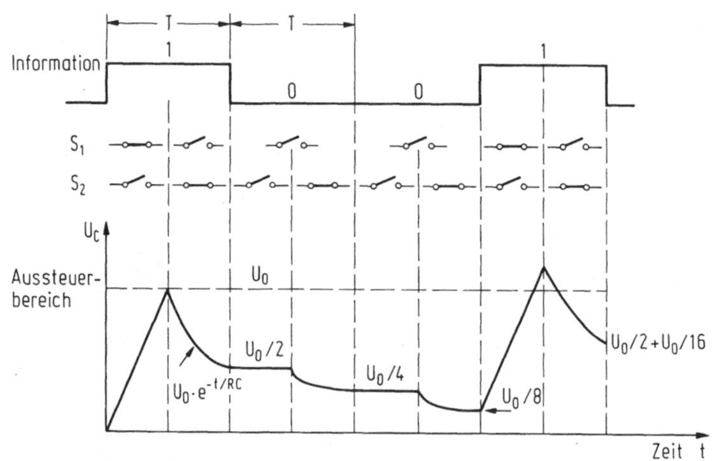

4.12. Bildung eines Analogwertes im Shannon-Rack-Decoder für eine Folge 1001 (LSB zuerst)

4.5 Digital-Analog-Umsetzer mit Ladungsumverteilung

Eine moderne Weiterentwicklung der im Shannon-Rack-Decoder verwendeten Gewichtung von Ladungen in Richtung auf eine volle monolithische Integration ist in [4.1] verwirklicht worden. Die im Hinblick auf Zeitbedingungen und Bauelementetoleranzen kritische exponentielle Entladung um einen Faktor zwei über ein RC-Glied ist hierbei umgangen, indem der Schalter S_2 aus Bild 4.11 an einen zweiten, gleich großen Kondensator anstelle des Widerstandes R angeschlossen ist. Beim Schließen des Schalters S_2 teilt sich die Ladung auf beide Kondensatoren auf, die Spannung halbiert sich. Der Ablauf mit der niedrigstwertigen Stelle am Anfang ist gleich, so daß Bild 4.12 grundsätzlich gültig bleibt. Die Gleichheit der Kondensatoren läßt sich mit der MOS-Technologie sehr gut gewährleisten, experimentell wurde eine Auflösung von 8 bit erreicht.

Der somit verwirklichte Digital-Umsetzer wurde in einer zyklischen
Struktur entsprechend Bild 3.27 zum Aufbau eines Analog-Digital-Umsetzers von 8 bit Auflösung und einer Umsetzungszeit von 100 µs herangezogen, die benötigte Siliziumfläche ist ca. 3 mm^2. Nachteilig für
die Geschwindigkeit ist, daß der Digital-Analog-Umsetzer die nied-
rigstwertige Stelle benötigt, was mit der zeitlichen Gewichtung zu-
sammenhängt. Zur Ausführung einer Analog-Digital-Umsetzung mit n Stellen sind deswegen n(n+1) Digital-Analog-Umsetzungsvorgänge nötig, wie
in [4.1] näher erläutert wird.

Das in [4.1] angewendete Prinzip der von der zu decodierenden Information gesteuerten Auf- und Entladung von Kondensatoren in aufeinanderfolgenden Taktintervallen, das in Bild 4.12 grundsätzlich zum Ausdruck
kommt, läßt sich auch mit Abtasthaltegliedern und entsprechend be-
schalteten Operationsverstärkern verwirklichen [4.6].

4.6 Schrifttum zu Abschnitt 4

4.1   Suárez, R.E.; Gray, P.R.; Hodges, D.A.: All-MOS charge redistri-
      bution analog-to-digital conversion techniques - part II. IEEE
      J. Solid-State Circ. SC-10 (1975) 6, 379

4.2   Jess, J.: Zum Entwurf einer neuen Klasse interpolierender Fil-
      ter. NTZ 21 (1968) 2, 75-81

4.3   Tietze, U.: Untersuchung eines datenreduzierenden Multiplex-Ver-
      fahrens für die digitale Bildübertragung. Diss. Universität Er-
      langen-Nürnberg 1975

4.4   Pastoriza, J.: Digital/Analog-Umsetzer als monolithische inte-
      grierte Schaltung. Orbit 6 (1971) 8

4.5   Charge-coupled-device digital-analogue converter. Electronics
      Letters 11 (1975) 22, 551

4.6   Schmid, H.: Electronic analog/digital conversions. New York: Van
      Nostrand Reinhold Comp. 1970, 192

5. Bauelemente und Grundschaltungen für Analog-Digital-Umsetzer

In diesem Kapitel sollen Bauelemente und Grundschaltungen besprochen
werden, die in A-D-Umsetzern häufig vorkommen und deren Wirkungsweise
in den übrigen Kapiteln als bekannt bzw. gegeben angenommen wurde.

5.1 Schalter

An einen idealen Schalter werden vielfache Anforderungen gestellt. Im
"Ein"-Zustand soll unabhängig vom Strom $I \gtrless 0$ der Spannungsabfall
$U = 0$ sein, insbesondere soll bei $I = 0$ keine Versatzspannung (Offset-
Voltage) auftreten; umgekehrt im "Aus"-Zustand soll bei beliebiger
Spannung $U \gtrless 0$ der Strom $I = 0$ sein. Die Steuerung für EIN oder AUS
soll leistungslos erfolgen und es soll keine Wechselwirkung zwischen
Signalgröße und Steuergröße stattfinden (s. Bild 5.1). Weder beim Ein-
noch beim Ausschalten soll eine Verzögerung auftreten.

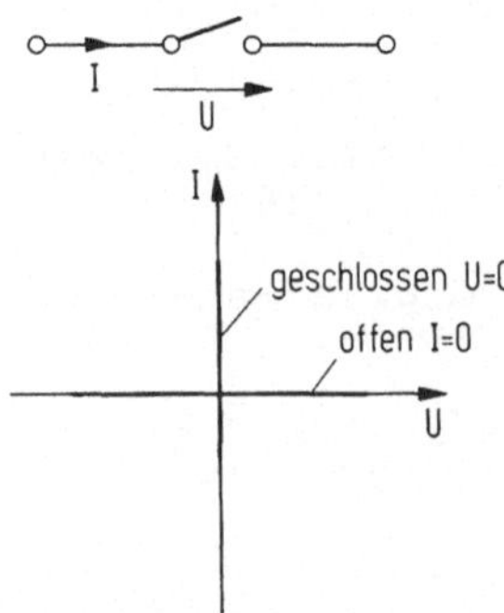

5.1. Symbol und Kennlinie eines idealen Schalters

Wegen der Unvollkommenheiten bei der Realisierung sind eine ganze Anzahl von Bauelementen wie Relais, Halbleiterdioden, bipolare und Feldeffekt-Transistoren sowie Thyristoren, Triacs, Thyratrons bis hin zum

Quecksilber-Dampfgleichrichter für verschiedene Anwendungen im Gebrauch, von denen die für die Signalelektronik wichtigsten besprochen
werden sollen.

Durch schaltungsmäßige Maßnahmen lassen sich die nachteiligen Eigenschaften des als Schalter benutzten Bauelementes oft günstig beein-
flussen. Beim Serienschalter lt. Bild 5.2 ist im Durchlaßbereich der
Lastwiderstand $R_L \gg R_D$, dem Durchlaßwiderstand des Schalters im leitenden Zustand zu wählen, um die Durchlaßdämpfung klein zu halten, umgekehrt ist im Sperrbereich der Lastwiderstand $R_L \ll R_{Sp}$, dem Sperrwiderstand des Schalters zu wählen, um die Sperrdämpfung zu vergrößern.
Beim Parallelschalter lt. Bild 5.3 sind die Verhältnisse gerade umgekehrt. Gelingt es nicht, mit einem einzigen Schalter die Anforderungen
an Sperr- und Durchlaßeigenschaften zu erfüllen, so können Serien- und
Parallelschalter miteinander kombiniert werden.

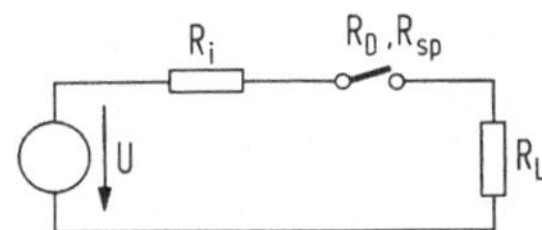

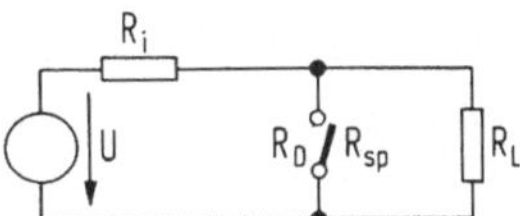

5.2. Serienschalter, d. h.　　　5.3. Parallelschalter, d. h.
Schalter in Reihe zur Last R_L　　Schalter parallel zur Last R_L

Begrifflich zu unterscheiden ist der digitale vom Analogschalter. Der
digitale Schalter führt im eingeschalteten Zustand stets den gleichen
Strom, während er sich im Analogschalter je nach Größe des über ihn
geleiteten Signals verändert. Aus diesem Grund spielt bei ihm die Linearität der Kennlinie eine besondere Rolle. Digitale Schalter kommen
z. B. im D-A-Umsetzer vor, analoge Schalter im noch zu besprechenden
Abtasthalteglied. Die wohl bekanntesten Analogschalter mit hohen Anforderungen, die bisher von elektronischen Bauelementen nur bedingt
erfüllt werden, sind diejenigen in den Sprechwegen der Vermittlungs-
zentralen des Fernsprechnetzes.

5.1.1 Mechanische Schalter

Mechanische Schalter kommen in einer Reihe von Eigenschaften dem Ideal
ziemlich nahe. Im "EIN"-Zustand beträgt der Durchlaßwiderstand nur einige Milliohm, die Versatzspannung ist Null. Der Sperrwiderstand ist nahezu unendlich, nur bei hohen Frequenzen kann die Sperrdämpfung wegen
kapazitiver Effekte abnehmen. Auch können Signale bis zu einer Band-

breite von 10^{10} Hz geschaltet werden. Die Wechselwirkung zwischen Steuerung und Signal ist Null, da die Steuerung meist magnetisch erfolgt, allerdings bedarf es einer endlichen Steuerungsleistung.

Der hauptsächliche Nachteil liegt in der Einschaltverzögerung von der Größenordnung von Millisekunden, die außerdem statistisch erheblich schwankt. Auch die Abmessungen sind im Vergleich zu elektronischen Bauelementen groß. Aus diesen Gründen ist man seit langem auf der Suche nach geeigneten elektronischen Schaltern, welche auch preislich mit den mechanischen konkurrieren können. Dies ist bisher nur dort gelungen, wo spezielle Eigenschaften gefordert werden, welche der mechanische Schalter nicht hat, z. B. zeitlich exaktes Schalten. Gerade diese Eigenschaft ist aber in A-D- bzw. D-A-Umsetzern außerordentlich wichtig. Aus diesem Grund verwendet man vielfach Halbleiterdioden, bipolare oder Feldeffekt-Transistoren und versucht deren Nachteile durch geeignete Schaltungsauslegung zu umgehen bzw. in Grenzen zu halten.

5.1.2 Halbleiterdioden

Als einfachste Grundbauelemente für einen elektronischen Schalter kommen Halbleiterdioden in Frage, wobei sich Metall-Halbleiterübergänge (Schottky-Dioden, hot carrier diodes) wegen kleiner Durchlaßspannung, hohen Sperrwiderstandes und vernachlässigbarer Speichereffekte besonders empfehlen.

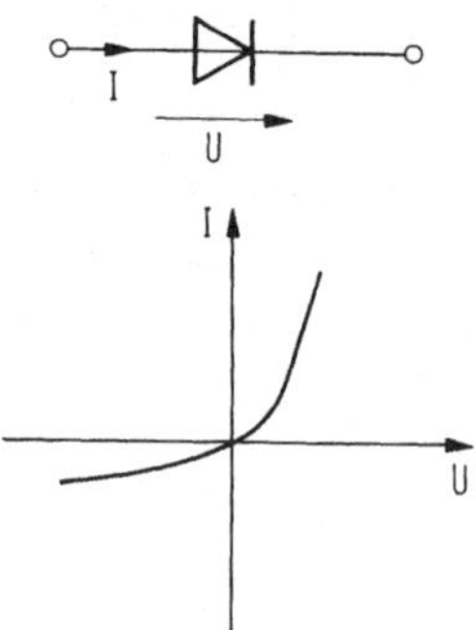

5.4. Symbol und statische Kenn
linie einer Halbleiterdiode

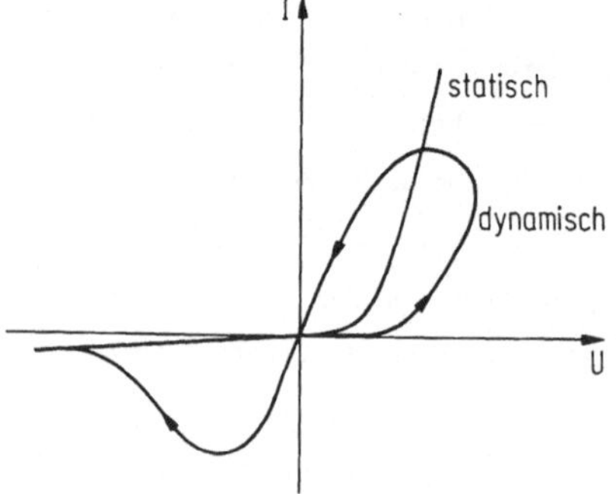

5.5. Dynamische Kennlinie
einer Halbleiterdiode

Bereits die statische Kennlinie weicht infolge ihrer Expontialform (Bild 5.4) von der eines idealen Schalters erheblich ab, insbesondere stört der nichtlineare Zusammenhang zwischen Strom und Spannung und die

in Vorwärtsrichtung an der Diode abfallende Spannung von ca. 0,5...1 V.
Das dynamische Verhalten lt. Bild 5.5 ist alles andere als ideal, treten doch bereits bei Frequenzen von einigen kHz merkliche Abweichungen
vom statischen Verlauf auf. Zudem erfordert die Ansteuerung besondere
Maßnahmen, um eine Beeinflussung des zu schaltenden Signals möglichst
gering zu halten.

5.1.3 Der invers betriebene Transistor als Schalter

Ausgangspunkt der Betrachtungen sei der Transistor in Emitterschaltung
im übersteuerten, d. h. im Sättigungszustand mit dem Lastwiderstand R_L
im Kollektorkreis lt. Bild 5.6a. Ein Ersatzschaltbild, in dem anstelle
des Transistors ein Schalter mit einer Ansteuerung, angedeutet durch
einen Pfeil, eingezeichnet ist, zeigt Bild 5.6b. Entsprechend den Kennlinien von Bild 5.6c fällt über dem Transistor eine Spannung $U_{CE\,Sat}$
ab, welche von der Größe des Lastwiderstandes R_L und der Batteriespannung sowie dem Verlauf der Kennlinien abhängt.

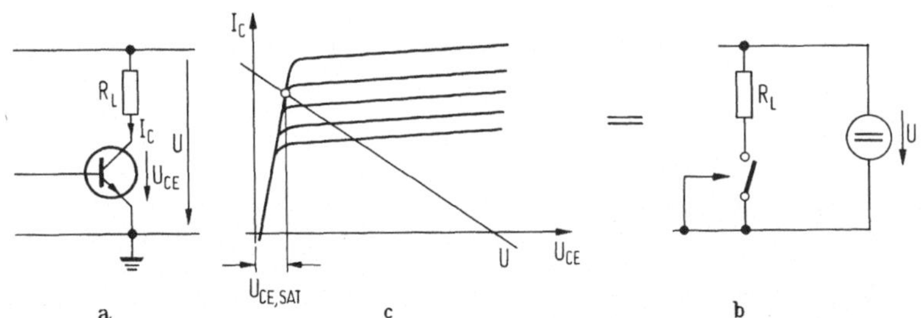

5.6a bis c. Übersteuerter Bipolartransistor als Schalter
a. Schaltung
b. Ersatzschaltbild
c. Arbeitspunkte im Kennlinienfeld bei Schalterbetrieb

Ein Näherungsmodell für die Berechnung der Kennlinien im übersteuerten
Zustand ist das von Ebers und Moll [5.1], das in einer vereinfachten
Form, d. h. ohne Serienwiderstände, in Bild 5.7 gezeichnet ist. Aus
diesem Bild lassen sich die Gleichungen (1) und (2) unmittelbar ablesen.

$$I_E = -I_F + \alpha_I \cdot I_R \tag{1}$$

$$I_C = \alpha_N \cdot I_F - I_R \tag{2}$$

α_N ist die Stromverstärkung des Transistors in Basis-Schaltung für Normalbetrieb, α_I diejenige des mit vertauschtem Emitter und Kollektor,

88

d. h. "invers" angeschlossenen Transistors. Für die Emitter- bzw. Kol-
lektor-Basis-Dioden mögen die Beziehungen für ideale pn-Übergänge in
der Form

$$I_F = I_{ES}\left[\exp\left(-\frac{U_{EB}}{U_T}\right)-1\right] \tag{3}$$

$$I_R = I_{CS}\left[\exp\left(-\frac{U_{CB}}{U_T}\right)-1\right] \tag{4}$$

gelten. I_{ES}, I_{CS} sind die Sperrsättigungsströme der Emitter- bzw. Kol-
lektor-Basis-Übergänge.

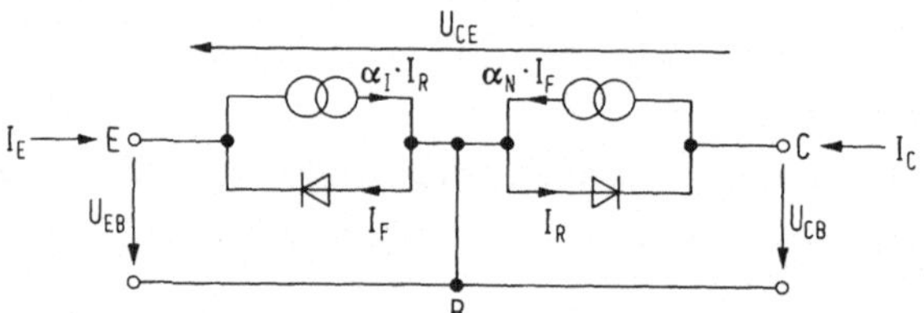

5.7. Vereinfachtes Ersatzschaltbild des übersteuerten Transistors
nach Ebers und Moll [5.1]

Ferner gilt die Knotengleichung

$$I_B = -(I_C + I_E) \tag{5}$$

woraus durch Einsetzen von (1) und (2) in (5) folgt

$$I_B = (1 - \alpha_N)\, I_F + (1 - \alpha_I)\, I_R \quad .$$

Mit den Abkürzungen

$$I_{FB} = (1 - \alpha_N)\, I_F \tag{6}$$

$$I_{RB} = (1 - \alpha_I)\, I_R \tag{7}$$

kommt Bild 5.8 zustande, aus dem hervorgeht, daß sich der Transistor
entsprechend der Aussage von Ebers und Moll im Sättigungszustand auffassen läßt als die gegensinnige Überlagerung zweier im aktiven Bereich
betriebener Transistoren mit den Basisstromanteilnen I_{FB} und I_{RB}. Hier-

bei sind beide pn-Übergänge in Durchlaßrichtung betrieben. Der Kollektorstrom ergibt sich zu

$$I_C = \frac{\alpha_N}{1-\alpha_N}\, I_{FB} - \frac{1}{1-\alpha_I}\, I_{RB} \quad . \tag{8}$$

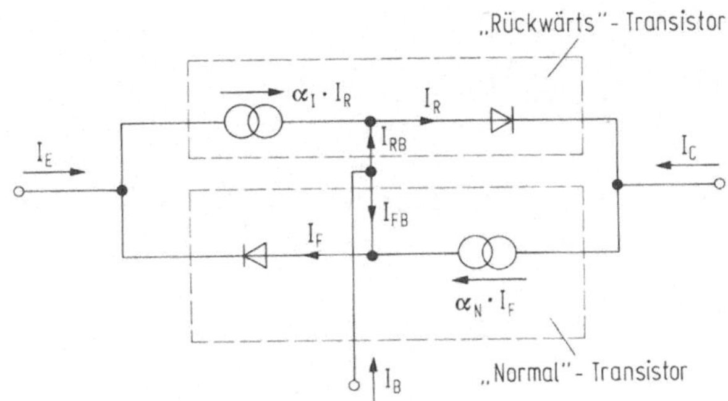

5.8. Aufteilung des übersteuerten Transistors in zwei gegensinnig betriebene Transistoren

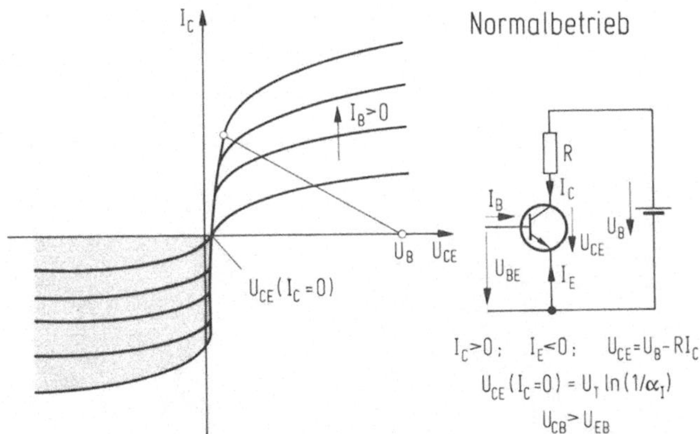

5.9. Kennlinien und Schaltung für Normalbetrieb (schraffiert: Inversbereich)

Mit der Maschengleichung

$$U_{CE} = U_{CB} - U_{EB} \tag{9}$$

läßt sich der Verlauf des Kennlinienfeldes $I_C = f(U_{CE}$, I_B als Parameter) im Sättigungsbereich konstruieren. Ihr grundsätzlicher Verlauf ist in Bild 5.9 dargestellt. Im gleichen Bild ist die Schaltung mit den dazugehörigen Strömen und Spannungen enthalten. Berücksichtigt man die im Sättigungsbereich gültige Reziprozitätsbeziehung [5.2]

$$\alpha_I \, I_{CS} = \alpha_N \, I_{ES} \quad , \tag{10}$$

so erhält man schließlich die über dem Schalter abfallende Spannung

$$U_{CE} \approx U_T \, \ln\frac{1+\dfrac{I_C}{I_B}\,(1-\alpha_I)}{\alpha_I[\,1-\dfrac{I_C}{I_B}\,\dfrac{1-\alpha_N}{\alpha_N}\,]} \tag{11}$$

und hieraus mit $I_C = 0$ die Versatzspannung (Offset-Spannung), bei der die Kennlinien durch die U_{CE}-Achse stoßen

$$U_{CEO} = U_{CE}(I_C{=}0) = U_T \, \ln\frac{1}{\alpha_I} \quad . \tag{12}$$

Aus dieser Gleichung geht hervor, daß der mit vertauschtem Kollektor und Emitter, d. h. invers betriebene Transistor wegen $\alpha_N > \alpha_I$ eine unter Umständen erheblich kleinere Spannung beim Null-Durchgang der Kennlinie $I_E = f(U_{EC})$ aufweist. Mit $\alpha_I = 0{,}9$ ergibt sich beispielsweise ein $U_{CE}(I_C{=}0) = 2{,}74$ mV, während der inverse Transistor mit $\alpha_N = 0{,}99$ einen um etwa eine Größenordnung kleineren Wert $U_{EC}(I_E{=}0) = 0{,}26$ mV hat.

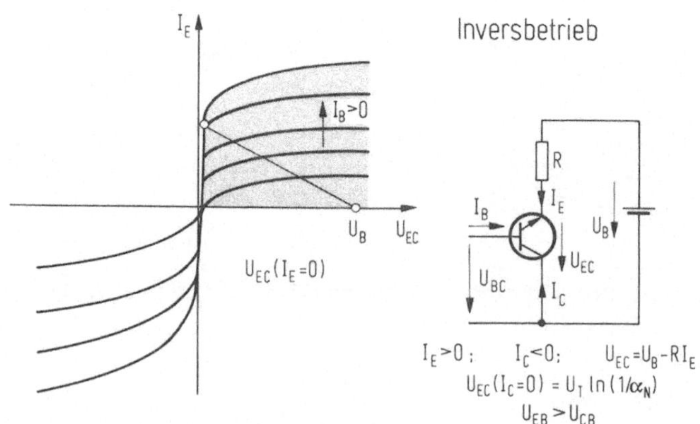

5.10. Kennlinien und Schaltung für Inversbetrieb (schraffiert)

Dieser Zusammenhang läßt sich auch anhand der Kennlinien lt. Bild 5.10 verstehen, wenn man deren Fortsetzung für $I_C < 0$ bis zu Werten von $U_{CE} < 0$ verfolgt: Beim Betrieb mit vertauschtem Emitter und Kollektor ist $I_E = -(I_C{+}I_B)$ zu ermitteln, um das Kennlinienfeld $I_E = f(U_{EC}, I_B$ als Parameter) aufzeichnen zu können. Da $I_B > 0$ und in der Nähe des Durchstoßpunktes von gleicher Größenordnung wie I_C und I_E ist, verschieben sich die Kennlinien für $I_C < 0$ insgesamt nach oben und damit liegt der Durchstoßpunkt $U_{EC}(I_E=0)$ erheblich näher beim Ursprung als der Punkt $U_{CE}(I_C=0)$.

Um die Analogie zu dem Transistor im Normalbetrieb voll herzustellen, ist U_{CE} durch U_{EC} zu ersetzen. Der dritte Quadrant der Kennlinien $I_C = f(U_{CE})$ wird dadurch zum ersten Quadrant der Kennlinien $I_E = f(U_{EC})$. Wegen der im Inversbetrieb kleineren Stromverstärkung liegen die Kennlinien für I_B = const näher beieinander.

5.1.4 Übersteuerter Emitterfolger

Aus der Fortsetzung der Kennlinien über den Durchstoßpunkt der U_{EC}-Achse geht hervor, daß die Spannung über dem Schalter für Werte $I_E < 0$ exakt zu Null werden kann. Die dazugehörige Schaltung mit dem Arbeitswiderstand R im Emitter-Basis-Kreis (Bild 5.11) macht verständlich, daß die Anordnung als übersteuerter Emitterfolger bezeichnet wird. Günstig ist die große Steigung, mit der die Kennlinien durch die I_E-Achse gehen. Faßt man den Kollektor als die eine Klemme des Schalters, den Emitter als die andere und U_B als das zu schaltende Signal auf, so kann U_B beträchtlich variieren, ohne daß die Spannung über dem Schalter erheblich von Null verschieden wird.

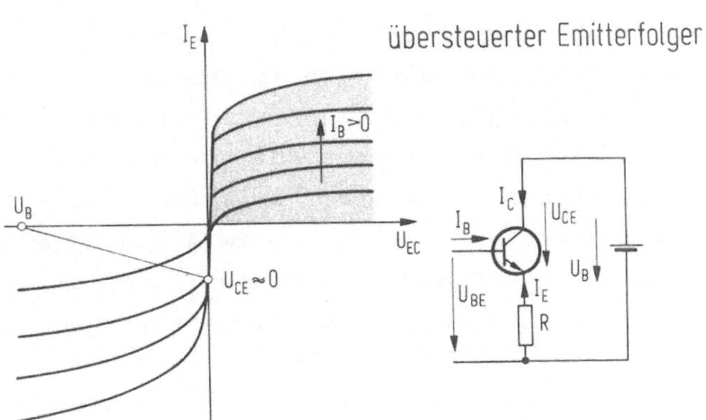

5.11. Kennlinien und Schaltung für den übersteuerten Emitterfolger (schraffiert: Inversbereich)

In 5.3 wird ein Umschalter mit invers betriebenen komplementären Transistoren beschrieben, der zum Einsatz in einem 11 bit D-A-Umsetzer für positive und negative Ausgangssignale entworfen ist. Die Ansteuerung der Schalttransistoren ist so ausgelegt, daß der Eingang mit TTL-Pegeln betrieben werden kann. Für Ströme von weniger als 6 mA wird eine Restspannung von $\pm$ 10 mV über dem Schalter angegeben, wobei der Unterschied zwischen PNP- und NPN-Seite weniger als 1 mV beträgt. Die Temperatur-drift beläuft sich auf 8...22 $\mu V/^{o}C$ zwischen 25°C und 115°C. Die dyna-mischen Kennwerte sind im Zusammenhang mit der Transitfrequenz von f_t = 500 MHz der verwendeten Transistoren zu sehen: Die Einschaltverzö-gerung bei ohmscher Last von R_L = 3 kΩ beträgt 10 ns, ebenso die Zeit für das Ausschalten, die Einschwingzeit für eine Genauigkeit von 11 bit beläuft sich auf 100 ns. Bei einer kapazitiven Last zwischen 15 pF und 680 pF ändert sich die Einschaltverzögerung nur zwischen 50 ns und 65 ns

Schnelle Digital-Analog-Umsetzer sind heute in hybrid integrierter Tech-nik als Bausteine erhältlich. Beste Typen erreichen für eine Genauig-keit von 10 bit eine Einstellzeit von 20 ns.

5.1.5 Der Feldeffekt-Transistor als Schalter

Die verschiedenen Typen von Feldeffekttransistoren, wie Sperrschicht- und MOS-Feldeffekttransistoren, sind grundsätzlich alle zum Einsatz als Schalter geeignet, insbesondere weisen sie an der Steuerelektrode, dem Gate, einen hohen Eingangswiderstand auf und können deswegen mit klei-nen Leistungen gesteuert werden. Im einzelnen bestehen jedoch eine Rei-he von Unterschieden, welche kurz anhand von Bild 5.12 aufgeführt wer-den sollen: Je nach Ausgangsmaterial bei der Herstellung unterscheidet man p-Kanal- und n-Kanal-Typen, die sich im wesentlichen in der Polari-tät der anzulegenden Spannungen und der Ströme unterscheiden. Wesent-lich für die Anwendung ist die Tatsache, daß es selbstleitende und selbstsperrende Transistoren gibt. Unter selbstleitend versteht man, daß bereits bei der Steuerspannung U_{GS} = 0 zwischen Gate und Source ein leitender Kanal zwischen dem Drain- und Source-Anschluß existiert. Alle Sperrschicht-Feldeffekttransistoren (Junction-FET) haben diese Eigen-schaft. Der Kanal wird durch eine Vorspannung in Sperrichtung zwischen Gate und Source in seinem Widerstand vergrößert, bis der Strom I_D bei der sog. Abschnürspannung U_P zu Null wird. Eine Verringerung des Kanal-widerstandes durch Umkehrung der Vorspannung ist nicht sinnvoll, da in diesem Fall der pn-Übergang zwischen Gate und Source leitend wird und der hohe Eingangswiderstand am Steuereingang verlorengeht.

Die MOS-Feldeffekttransistoren haben sowohl für positive wie negative Steuerspannungen an der Gate-Elektrode einen hohen Eingangswiderstand wegen der hochisolierenden Oxydschicht zwischen Gate-Elektrode und Kanal. Selbstleitend sind hier im allgemeinen nur die n-Kanaltypen, während die p-Kanaltypen stets selbstsperrend sind, d. h. der Drainstrom I_D bleibt bis zu einem bestimmten Wert der Gate-Source-Spannung, der Schwellenspannung $U_P < O$, gleich Null. Bezüglich der physikalischen Zusammenhänge im einzelnen sei auf die Fachliteratur verwiesen [5.4, 5.5].

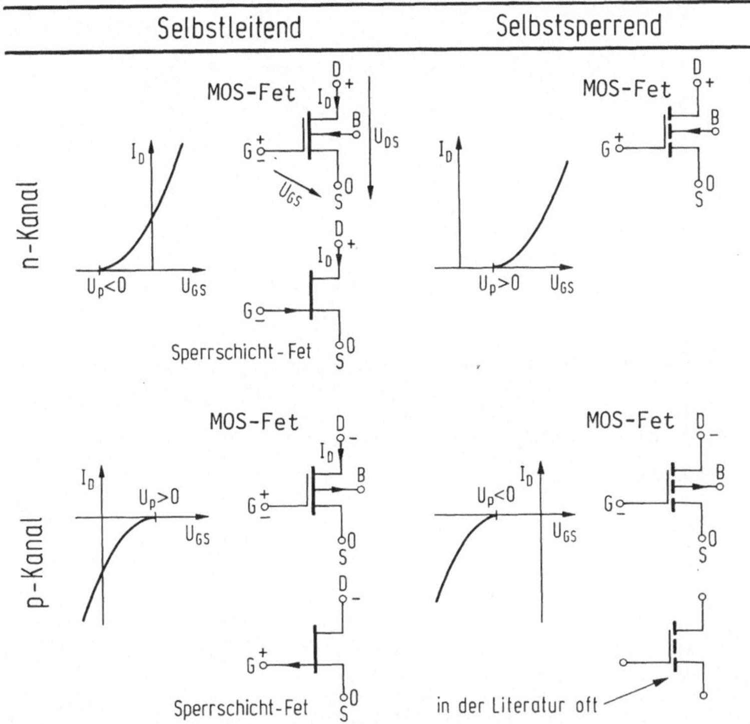

5.12. Zusammenstellung von Symbolen, Kennlinien und Bezeichnungen für Feldeffekttransistoren

Eine vereinfachte Theorie führt auf folgende, allgemein gültige Beziehungen für die Kennlinien des FET im sog. ohmschen oder Triodenbereich, d. h. für $U_{DS} \leqq U_{GS} - U_P$.

$$I_D = ß \left[(U_{GS}-U_P) \, U_{DS} - \frac{1}{2} \, U_{DS}^2 \right]$$

Mit $ß = \dfrac{\mu \, C_{OX} \, W}{L}$,

wobei μ = Beweglichkeit der Ladungsträger im Kanal

C_{OX} = Kapazität pro Fläche des MOS-Kondensators

W = Breite des Kanals senkrecht zur Stromrichtung

L = Länge des Kanals zwischen Drain- und Source-Elektrode.

Je nach Transistor-Typ sind die Vorzeichen von I_D, U_{GS}, U_{DS} und U_P so zu wählen, daß sich der Verlauf der Kennlinien entsprechend Bild 5.12 einstellt.

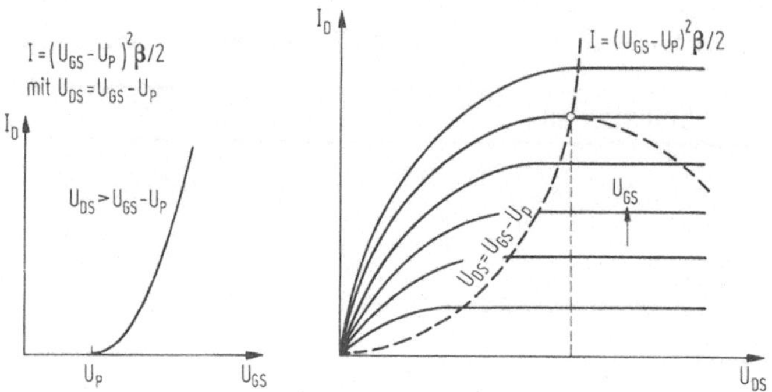

5.13. Kennlinien von Feldeffekttransistoren

Diese Kennlinien sind Parabeln durch den Ursprung, die ihren Scheitel beim Wert $U_{DS} = U_{GS} - U_P$, $I_D = \frac{\beta}{2} [U_{GS}-U_P]^2$ erreichen. Für Werte $U_{DS} > U_{GS}-U_P$ bleibt der Strom I_D konstant, der Transistor befindet sich im sog. Abschnürbereich.

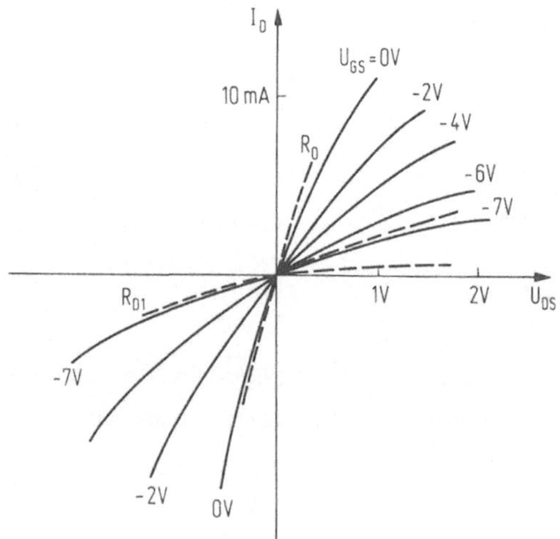

5.14. Kennlinien eines (n-Kanal) Sperrschicht-FET in der Umgebung des Nullpunktes

Für den Betrieb als Schalter kommt nur der lineare Bereich in der Umgebung des Ursprungs in Frage. Dort gilt mit $U_{DS} << U_{GS}-U_P$ für $I_D \approx \beta (U_{GS}-U_P) U_{DS}$, d. h. es besteht ein linearer Zusammenhang zwischen dem Strom I_D und der Spannung U_{DS} am Schalter. Für diesen Bereich sind in Bild 5.14 die Kennlinien eines n-Kanal-Sperrschicht-FET noch einmal genauer herausgezeichnet [5.6]. Die Kennlinien gehen durch den Ursprung und verlaufen auch jenseits desselben zunächst linear weiter. Der FET ist also ein reiner Ohmwiderstand, dessen Wert durch die angelegte Gate-Source-Spannung gesteuert werden kann. Für den vorliegenden Typ gilt außerdem, daß der Wert des Kanalwiderstands beim 0,8-fachen Wert der Abschnürspannung etwa auf das zehnfache des Wertes bei der Spannung Null angewachsen ist. Nachteilig ist die Tatsache, daß es sich um einen Halbleiterwiderstand handelt, d. h. für den Temperaturkoeffizienten ein Wert von etwa $7 \cdot 10^{-3}/^\circ C$ berücksichtigt werden muß. Typische Werte des Widerstandes liegen in der Gegend von etwa 100 Ω, durch entsprechende Auslegung der geometrischen Daten sind auch kleinere Widerstände von wenigen Ohm zu erreichen. Typische Schaltzeiten liegen bei Schaltungen mit Einzelbauelementen in der Gegend zwischen 10 ns bis 100 ns, bei Schaltungen mit integrierter Ansteuerung eher im Bereich 0,5 µs bis 1 µs (siehe Tabelle 5.1).

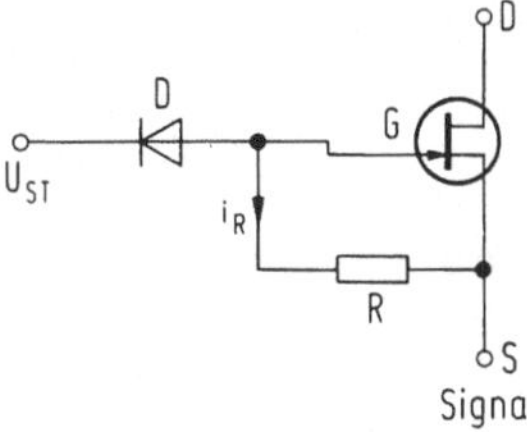

5.15. Schaltung zur Ansteuerung eines Sperrschicht-FET

Zur Ansteuerung wird üblicherweise eine Schaltung lt. Bild 5.15 verwendet. Wenn die Diode D sperrt, ist der Spannungsabfall am Ohmwiderstand R und damit die Gate-Spannung des Transistors gleich Null, wodurch die Verbindung zwischen Source und Drain, den beiden Klemmen des Schalters, hergestellt wird. Der Wert der Steuerspannung muß so groß gewählt werden, daß die Diode beim größten positiven Wert der an der Source-Elektrode liegenden Signalspannung gesperrt bleibt. Soll der Schalter geöffnet, d. h. der Transistor gesperrt werden, so wird durch Absenken der Steuerspannung die Diode leitend. U_{St} muß so weit negativ gewählt werden, daß die Gate-Source-Spannung für alle Werte der Signalspannung an der Source-Elektrode unterhalb der Abschnürspannung bleibt.

Ein Nachteil ist, daß der Schalter im gesperrten Zustand für das Signal eine endliche Eingangsimpedanz von der Größe des Widerstandes R darstellt. R muß jedoch vorhanden sein, damit sich die Gate-Source-Kapazität C_{GS} des Transistors nach der Sperrung der Diode D genügend schnell auf den Wert Null entladen und den Schalter freigeben kann. In [5.6] wird ein D-A-Umsetzer mit Sperrschicht-FET's als Schalter und bipolaren Transistoren zur Ansteuerung beschrieben. Als statischer Fehler wird ein Wert von weniger als 10^{-4} für den einzelnen Schalter angegeben.

Feldeffekttransistoren werden in vielfältigen Kombinationen als integrierte Bausteine [5.7] vom einpoligen Ein/Ausschalter (SPST = Single Pole Single Throw) über den zweifachen, zweipoligen Umschalter (Double DPDT = Double Dual Pole Dual Throw) bis zum 16-poligen Multiplexer mit digitaler vierstelliger Ansteuerung angeboten, um nur einige Beispiele zu nennen.

Eine Übersicht über die mit Analogschaltern erreichbaren Daten gibt Tabelle 5.1 [5.7].

Tabelle 5.1: Übersicht von Analogschaltern [5.7]
(typische Beispiele)

	Signalspannung	Übergangswiderstand (R_{EIN})	Zeiten (t_{EIN}/t_{AUS})	Speisestrom für Ansteuerung
Reed-Relais	$\pm$ 300 V	0,1 Ω	1,0 ms/2,0 ms	10 mA
Bipolar-Schalter aus Einzel-Bauelementen	$\pm$ 12 V	1...10 Ω	10 ns/50 ns	10 mA
IC: TTL-Ansteuerung mit Sperrschicht-FET	$\pm$ 8 V	30 Ω	0,5 µs/10 µs	3 mA
IC: CMOS	$\pm$ 14 V	75 Ω	1,0 µs/0,5 µs	0,1 mA
IC: TTL mit p-Kanal MOSFET	$\pm$ 10 V	100 Ω	0,5 µs/1 µs	3 mA

5.1.6 Analogschalter mit Dioden

Durch Einsatz eines Operationsverstärkers lassen sich die Eigenschaften eines Schalters mit Halbleiterdioden soweit verbessern, daß sowohl bezüglich der Geschwindigkeit als auch hinsichtlich der Linearität, dem Sperr- und Durchlaßverhalten auch hohe Anforderungen erfüllt werden können [5.8].

Das Prinzip zeigt Bild 5.16. Befindet sich der Umschalter in Stellung A-B, so ist die Verbindung zwischen u_2 und u_1 hergestellt. Mit den üblichen Idealisierungen für Operationsverstärker gilt $u_2/u_1 = -R_{F1}/R_1$, d. h. die Eigenschaften des Schalters selbst gehen in die Übertragung überhaupt nicht ein, auch eine Durchlaßdämpfung kann durch die Bemessung der Widerstände vermieden werden. Steht der Umschalter in Stellung A-C, so ist die Verbindung zwischen u_1 und u_2 aufgetrennt. Da die Rückkopplungsschleife über den Widerstand R_{F2} geschlossen bleibt, ist die Spannung u_1' am Eingang des Operationsverstärkers (virtuelle Masse) sehr klein und damit auch u_2 nahezu gleich Null. u_2 kann sogar völlig zu Null gemacht werden, wenn bei endlicher Verstärkung des Operationsverstärkers ein entsprechend ausgelegter großer Widerstand zwischen die Klemmen B und C gelegt wird, der den geringen Strom über R_{F1} kompensiert.

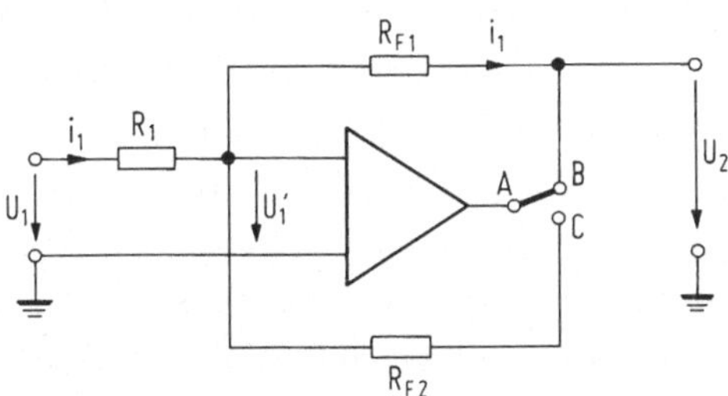

5.16. Verwirklichung eines Analogschalters mittels Operationsverstärker und Halbleiterdioden (Bild 5.17) als Schalter

Der Schalter selbst ist als Diodenbrückenschalter ausgeführt (Bild 5.17). Ist die Spannung u des Impulsgenerators genügend positiv, so fließt ein Strom durch die obere Diodenbrücke, welche damit einen genügend kleinen Widerstand zwischen den Anschlüssen A und B für das Signal herstellt.

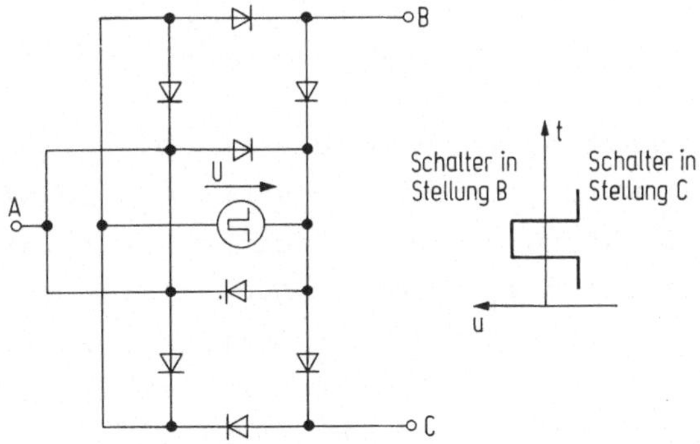

5.17. Realisierung des Schalters aus Bild 5.16. durch Halbleiterdioden

In erster Näherung ist der Widerstand der Diodenbrücke bei wechselndem Wert des Stroms i konstant, da eine Zunahme des Stroms im einen Pfad der Brücke zu einer Abnahme im anderen führt und sich die Widerstandswerte der Zweige gegensinnig verändern. Wird die Spannung u des Impulsgenerators negativ, so leitet die untere Diodenbrücke, welche die Verbindung zwischen den Anschlüssen A und C herstellt.

In einem experimentellen Aufbau wurden eine Durchlaßdämpfung von 0 dB
und eine Sperrdämpfung von größer 100 dB im Frequenzbereich bis 10 MHz
erreicht [5.8].

5.2 Abtasthalteglieder

5.2.1 Grundlagen

Abtasthalteglieder haben die Aufgabe, Abtastwerte, d. h. Stichproben
aus einer über der Zeit kontinuierlich verlaufenden Spannung in Abstän-
den, welche dem Abtasttheorem angepaßt sind, zu entnehmen und für eine
Zeitdauer bis zur Entnahme der nächsten Stichprobe zwischenzuspeichern.
Während der Speicherung kann eine Verarbeitung vorgenommen werden, z. B.
eine Analog-Digital-Umsetzung der vorliegenden Stichprobe. Reale Bauelemente können diese Funktion nur unvollkommen erfüllen. In diesem Abschnitt sollen die Bedingungen zusammengestellt werden, welche einzuhalten sind, um zusätzliche Fehler durch den Abtast- und Haltevorgang etwa
vergleichbar mit den durch die Quantisierung verursachten Fehlern zu
halten.

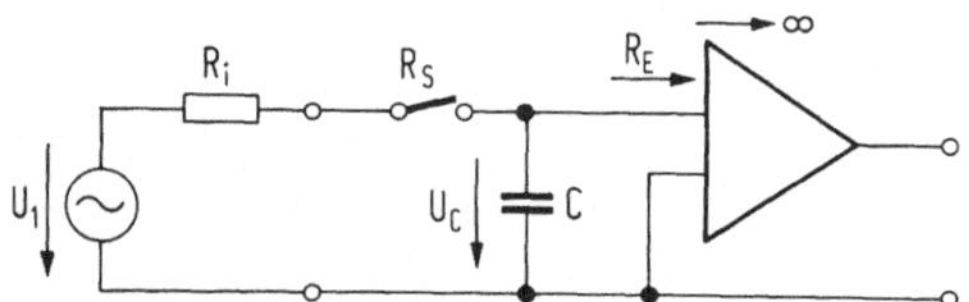

5.18. Prinzipschaltbild des Abtasthalteglieds

Die zugrundegelegte Schaltung zeigt Bild 5.18. Die Signalquelle u_1 mit
dem Innenwiderstand R_i wird über einen gesteuerten Schalter, der im leitenden Zustand den Widerstand R_S hat, an einen Kondensator C angeschlossen. Während der Aufladezeit t_i (engl. = Acquisition Time) wird die
Stichprobe entnommen, während der Zeit t_H wird der Schalter aufgetrennt
und damit der Signalwert auf dem Kondensator C gehalten, wobei er über
einen Verstärker mit dem großen Eingangswiderstand R_E für eine Weiter-
verarbeitung abgefragt wird. t_i und t_H ergänzen sich zur Abtastperiode
T_A, für die gemäß Abschnitt 2 lt. dem Abtasttheorem die Bedingung
$T_A \leq \frac{1}{2B}$ einzuhalten ist, wobei B die Bandbreite des abzutastenden Sig-
nales darstellt.

Wie man sieht, wird die zunächst in Abschnitt 2 vorausgesetzte nadelim-
pulsförmige Entnahme der Stichproben auf eine endliche Zeitdauer t_i
(Bild 5.19a) vergrößert. Diese Verbreiterung des Zeitfensters bewirkt

eine Einschränkung des Signalspektrums entsprechend der Funktion $\frac{\sin X}{X}$ mit $X = \pi f t_i$, f ist die laufende Frequenz. Soll nun bei der höchsten Signalfrequenz, welche beim Tiefpaßsystem mit der Bandbreite $B = \frac{1}{2\,T_A}$ übereinstimmt, ein Abfall des Signalspektrums um 1/2 LSB (LSB = Least Significant Bit) bei n Stellen eingehalten werden, so muß gelten

$$\frac{\sin \pi \dfrac{t_i}{2\,T_A}}{\pi \dfrac{t_i}{2\,T_A}} \geq 1 - 2^{-(n+1)}$$

Für n = 7 ergibt sich hieraus z. B. ein Wert t_i/T_A = 0,0974, also darf t_i rund 10 % der Abtastperiode einnehmen. Aus dieser Bedingung ergibt sich die zulässige Dauer t_i bei bekannter Abtastperiode.

In der Zeit t_i muß sich nun der Kondensator C über den Widerstand $R = (R_i + R_s)$ mit genügender Genauigkeit auf den Wert der Signalspannung aufladen. Nimmt man mit guter Näherung den Wert der Signalspannung in der Zeit t_i als konstant an, so ist die Zeitfunktion der Aufladung des Kondensators eine Exponentialfunktion. Hieraus ergibt sich die Bedingung für einen Fehler in der Größe von der Hälfte des LSB:

$$e^{-\frac{t_i}{RC}} \leq 2^{-(n+1)} \quad ,$$

woraus sich z. B. für n = 7 eine Dauer t_i = 5,54 RC errechnen läßt.

Streng genommen gilt die Berechnung von t_i/T_A über die Funktion $\frac{\sin X}{X}$ nur dann, wenn die betrachtete Schaltung eine Mittelwertbildung vornimmt. Man kommt deswegen zu größeren zulässigen Werten von t_i/T_A, wenn man vom Frequenzgang des Abtasthalteglieds als RC-Tiefpaß ausgeht. Andererseits kann sich eine Spannung der höchstzulässigen Signalfrequenz B in der dann zulässigen Dauer für t_i um viele Quantisierungsstufen ändern, ohne daß die Spannung am Ladekondensator in diesem ungünstigsten Fall zu folgen vermag. Der eingeschlagene Weg zur Abschätzung von t_i/T_A scheint demnach als angemessener Kompromiß zwischen der Einhaltung höchster Genauigkeitsanforderungen im ungünstigsten Fall und realisierbaren Werten für die Bauelemente.

Sind die bisherigen Bedingungen erfüllt, so muß während der Zeit t_H der zum Ende der Zeit t_i erreichte Wert mit genügender Genauigkeit gehalten werden. Setzt man den Sperrwiderstand des offenen Schalters als

100

hinreichend groß an, so verbleibt für eine eventuelle Entladung der
Eingangswiderstand R_E des Verstärkers. Bezieht man die Spannung u_C
am Kondensator auf ihren Anfangswert und ersetzt die Exponentialfunktion durch ihre Tangente, so ergibt sich Bild 5.19b, aus dem man den in
der Zeit t_H stattfindenden Abfall Δ entnimmt zu:

$$\Delta \leqq 2^{-(n+1)} \quad .$$

Eine weitere Bedingung ergibt sich aus der notwendigen Entkopplung zwischen Signalquelle und Haltekondensator während der Haltephase t_H. Bei
hinreichend hohem Sperrwiderstand des Schalters ist seine Sperrfähig-
keit nur noch begrenzt durch die zum Sperrwiderstand parallelliegende
Kapazität C_S. In erster Näherung bildet der Haltekondensator C mit C_S
einen kapazitiven Spannungsteiler für den entsprechend obiger Fehler-
überlegungen gelten sollte $(C \gg C_S)$

$$\frac{C_S}{C} \leqq 2^{-(n+1)} \quad .$$

Weitere Fehlerquellen sollen im Zusammenhang mit den jeweiligen Ausfüh-
rungsformen von Abtasthaltegliedern diskutiert werden.

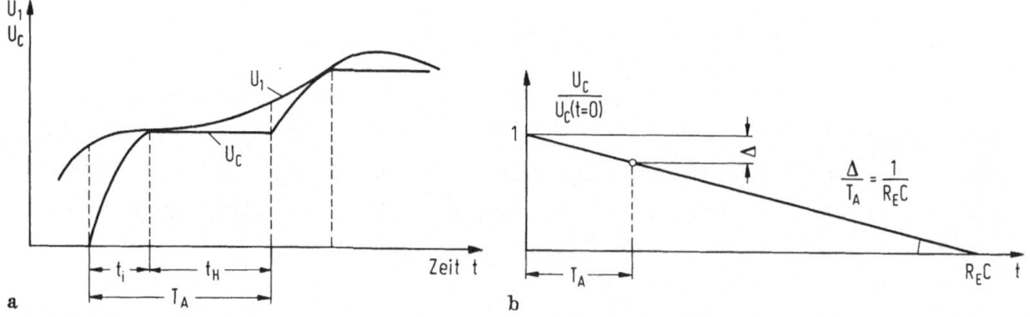

5.19a,b. Spannungsverläufe im Abtasthalteglied
a. Überblick
b. Zur Haltebedingung

5.2.2 Zweiphasenschaltung

Wir wollen uns nun der Frage zuwenden, wie Schaltungen auszusehen haben,
welche die grundsätzlichen Anforderungen an ein Abtasthalteglied lt. Abschnitt 5.1.1 erfüllen. Einen Schritt auf diesem Weg stellt die in
Bild 5.20 gezeigte Zweiphasenschaltung dar.

Es sollen Abtastwerte der Signalspannung u_1 auf den Haltekondensator C_H übertragen werden. Da die Schaltung nur positive Signale verarbeiten kann, wird zur Signalspannung eine Gleichspannung U_0 hinzugefügt, so daß für alle Werte von u_1 gilt: $u_1' = u_1 + U_0 > 0$. Entsprechend Bild 5.21 sind im Zeitabschnitt I die Phasenspannungen Φ_1 negativ, Φ_2 positiv, und zwar ist $\Phi_2 > u_{1\ MAX}'$, dem größten möglichen Wert von u_1'. Über die Diode D_3 lädt sich der Kondensator C_1 schnell auf den Wert von Φ_1 auf, wenn wir den Spannungsabfall an der Diode D_3 vernachlässigen, ebenso lädt sich der Haltekondensator C_H auf den Wert der Spannung Φ_2 auf, wenn wir auch hier annehmen, daß die Basis-Emitterspannung des Transistors T_2 vernachlässigbar gegen Φ_2 ist.

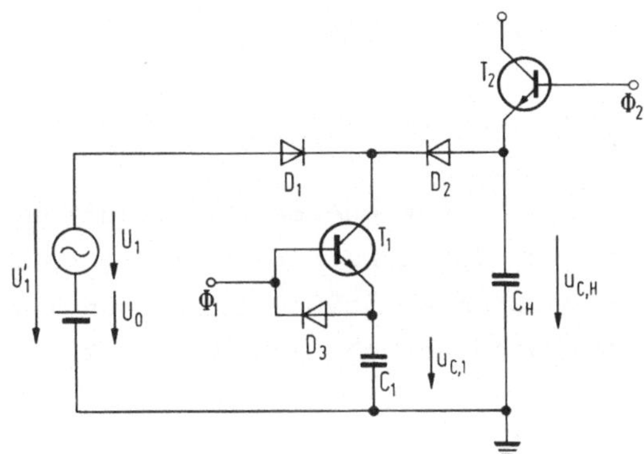

5.20. Zweiphasenschaltung

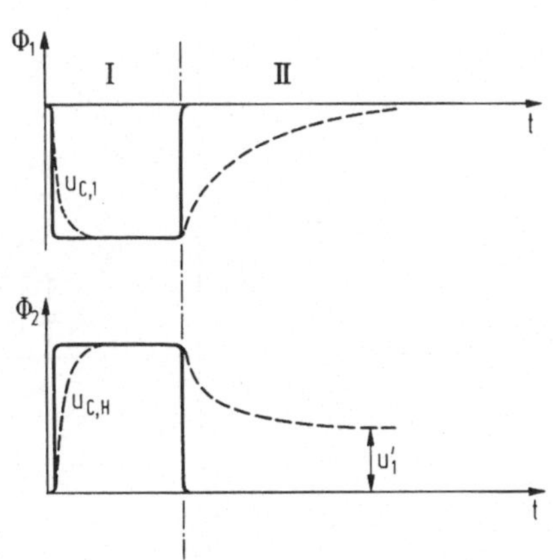

5.21. Spannungsverläufe bei der Zweiphasenschaltung

Im Zeitabschnitt II gehen die Spannungen Φ_1 und Φ_2 auf Null zurück. Die Diode D_3 sperrt; wegen der negativen Spannung von C_1 beginnt der Transistor T_1 Strom zu führen, der über die Diode D_2 den Haltekondensator C_H entlädt und zwar soweit, bis $u_1' = u_{CH}$ wird, wodurch die Diode D_1 ebenfalls leitend wird und der weitere Strom bis zur völligen Entladung von C_H der Spannungsquelle u_1' entnommen wird. Durch die symmetrische Anordnung der beiden Dioden D_1 und D_2 entfällt bei angenommener Gleichheit der Einfluß der an ihnen abfallenden Durchlaßspannung auf das Meßergebnis. Ist der Kondensator C_1 entladen, sperren die Dioden ebenso wie der Transistor T_2, d. h. der Haltezustand beginnt.

Die Schaltung hat den Vorteil, daß der Ladestrom für den Haltekondensator nicht der Signalquelle entnommen wird und dadurch die Entladung verhältnismäßig schnell erfolgen kann. Die Schaltung hat sich als Eingangsstufe für eine Eimerkettenschaltung, ein analoges Schieberegister [5.9] bis zu Taktfrequenzen von 30 MHz bewährt. Nachteilig ist die notwendige Vorbereitung während des Zeitabschnitts I und die Tatsache, daß nur Signale einer, nämlich positiver Polarität verarbeitet werden können.

5.2.3 Abtasthalteglied mit Diodenbrücke

Durch eine entsprechende Modifikation der Schaltung von Abschnitt 5.2.2 lassen sich deren Nachteile weitgehend vermeiden. Man erhält dabei die in den meisten Abtasthaltegliedern für hohe Frequenzen verwendete Schaltung mit Diodenbrücke lt. Bild 5.22.

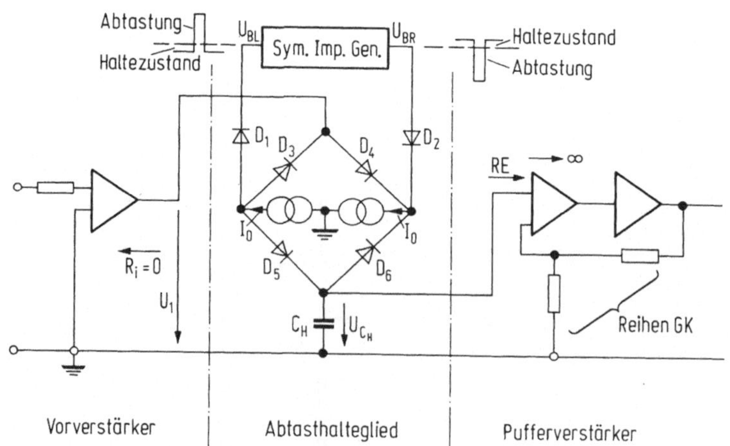

5.22. Abtasthalteglied mit Diodenbrücke

Gehen wir bei der Beschreibung vom Haltezustand aus. In diesem Zustand sind die Dioden D_3, D_4, D_5, D_6 gesperrt und der auf dem Haltekondensator befindliche Spannungswert wird über den durch Seriengegenkopplung mit hohem Eingangswiderstand versehenen Verstärker abgenommen. Die Dioden D_1 und D_2 sind leitend und führen die Ströme I_0 über den symmetrischen Impulsgenerator ab. Die Spannung an der Kathode der Diode D_1 muß dabei niedriger sein als die kleinste Signalspannung, die Spannung an der Kathode der Diode D_2 höher als die größte zugelassene Signalspannung, damit die Dioden in der Brücke sicher sperren.

Der Abtastvorgang wird durch Sperrung der Dioden D_1 und D_2 mittels entsprechender Impulse des symmetrischen Impulsgenerators eingeleitet. Ist der gehaltene Wert $u_{CH} > u_1$, dem Wert der Signalspannung, welche am Ausgang des Vorverstärkers erscheint, so wird die Diode D_6 leitend, wodurch der Strom I_O der rechten Stromquelle den Haltekondensator entlädt, während der Strom der linken Stromquelle über die Diode D_3 in den Vorverstärker abfließt. Die Entladung endet, wenn $u_{CH} = u_1$ geworden ist, da dann alle Dioden der Brücke leitend werden und der Strom I_O je zur Hälfte über D_3 und D_4 bzw. über D_5 und D_6 in der Brücke fließt. Auch der Vorverstärker wird dadurch nicht mehr vom Strom I_O belastet.

Wenn zu Beginn der Abtastung die Spannung $u_{CH} < u_1$ ist, d. h. die Spannung am Haltekondensator kleiner ist als die Signalspannung, so werden D_5 und D_4 zuerst leitend, wodurch einerseits ein Ladestrom der Größe I_O auf den Haltekondensator fließt, andererseits der Strom I_O der rechten Stromquelle über D_4 dem Vorverstärker entnommen wird. Im Endzustand sind wieder alle Dioden leitend wie im vorher beschriebenen Fall.

Für schnelle Umladung des Haltekondensators ist wiederum von Vorteil, daß der Ladestrom I_O durch die Stromquellen in der Schaltung aufgebracht wird und damit die Umladung mit konstanten Gradienten $\frac{d\,u_{CH}}{dt}$ erfolgt im Gegensatz zu einer exponentiellen Annäherung an den Endwert, wie das bei einer Aufladung des Kondensators auf die Signalspannung über einen Widerstand der Fall wäre. Von Vorteil ist ferner, daß im stationären Zustand der Abtastung die Quelle unbelastet ist, d. h. deren Spannung unabhängig von ihrem Innenwiderstand abgefragt wird. Gegenüber der Zweiphasenschaltung lt. Abschnitt 5.2.2 entfällt die Vorbereitungsphase während des Zeitabschnitts I, und der Haltekondensator braucht immer nur um die Differenz zwischen aufeinanderfolgenden Abtastwerten umgeladen zu werden und nicht vom Maximalwert auf den Signalwert selbst. Dieses Nachlaufen ist günstig für den Frequenzgang, der sich damit an das bei Videosignalen bei hohen Frequenzen stark abfallende Signalspektrum anpaßt.

Im Zusammenhang mit den Kennwerten, welche an einem experimentellen Aufbau [5.10] gemessen worden sind, sollen einige weitere Betrachtungen zum Verhalten des Abtasthaltegliedes mit Diodenbrücke angestellt werden.

Wählt man I_O = 15 mA, C_H = 100 pF, R_E = 1,5 MΩ, so genügt die Aufladung
mit konstantem Strom, um während der Zeit t_i = 20 ns einen Hub von 3 V
zu durchlaufen. Dies genügt für die vorgesehene Anwendung in einem Codierer für Videosignale mit 12 MHz Abtastfrequenz. Die Aufladung mit
konstantem Strom findet nur statt, solange nicht alle Dioden in der
Brücke leitend sind, d. h. für $|u_1 - u_{CH}| \lesssim$ 400 mV. Betrachtet man als an-
deren Grenzfall denjenigen, in dem alle Dioden in der Brücke leiten, so
gilt als Ersatzschaltbild wieder Bild 5.18, aus dem eine exponentielle
Umladung folgt. Die Zeitkonstante RC ist, wie aus den Kennlinien der
Dioden und dem Innenwiderstand des Verstärkers zu entnehmen ist, mit
2,7 ns genügend klein im Vergleich zu t_i = 20 ns. Mit R_E = 1,5 MΩ wird
die Entladezeitkonstante $R_E C_H$ = 150 µs, wodurch die Entladung während
der Haltezeit genügend klein bleibt.

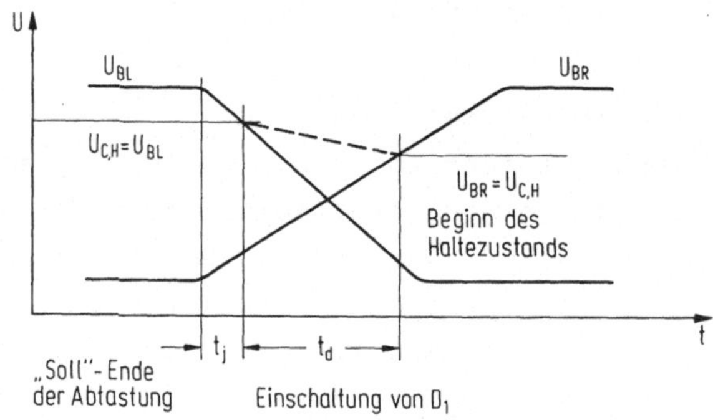

5.23. Spannungsverläufe in Verbindung mit dem Aperturfehler

Ein wichtiger Effekt ist die zeitliche Unsicherheit des Umschaltens von
der Entlade- in die Haltephase, welche zu einer vom Signal abhängigen
Unsicherheit des gespeicherten Wertes führt. Man faßt diese Erscheinung
unter dem Namen des sog. Apertur-Fehlers zusammen. In Bild 5.23 sind
die Rückflanken der Spannungen u_{BL} und u_{BR} des symmetrischen Impulsgenerators idealisiert als zeitlinear abfallend bzw. ansteigend gezeichnet
u_{BL} schaltet D_1 ein und bringt den Strom I_O der linken Stromquelle der
Brücke zum Abfließen, u_{BR} leistet entsprechendes für D_2 bzw. die rechte
Stromquelle. Das beabsichtigte Ende der Abtastung fällt mit dem Beginn
der Abnahme von u_{BL} bzw. der Zunahme von u_{BR} zusammen. Nehmen wir an,
u_{CH} sei > 0 und $u_1 \gtrless u_{CH}$, so geht die Aufladung von C_H zunächst weiter
bis $u_{BL} < u_H$ wird und I_O über D_1 abfließt. Da $u_1 \approx u_{CH}$ ist, sind D_4 und
D_6 weiter leitend und ein Teil von I_O wird C_H entladen, bis $u_{BR} > u_{CH}$
wird und die Umladung endet. Selbst bei steilen Flanken von u_{BL} und u_{BR}
verstreicht eine endliche Zeit, eben die als Apertur bezeichnete Zeit
$t_j + t_d$, welche sowohl eine zeitliche Unsicherheit der Dauer des Abtast-

intervalls, wie auch eine Amplitudenunsicherheit bewirkt. Im vorliegenden Fall ist t_j+t_d = 0,85 ns, was mit der Steilheit I_0/C = 0,15 V/ns im ungünstigsten Fall bei einer Genauigkeit von 9 bit zu einem Amplitudenfehler von ungefähr 5 Stufen führt.

Die Isolation von der Signalquelle während der Haltezeit ist gegeben durch die Sperrschichtkapazitäten der Brückendioden und den Durchlaßwiderstand der leitenden Dioden D_1 und D_2. Mit 100 dB Sperrdämpfung ist dieser Wert hinreichend groß. Die Isolation vom symmetrischen Impulsgenerator ist mit 40 dB zwar niedriger, aber weniger kritisch, da sie praktisch nur während der im Anschluß an t_j+t_d noch verbleibenden Anstiegs- bzw. Abfallzeit der Flanken von u_{BL} bzw. u_{BR} zu einem Fehler führen und durch symmetrische Auswahl der Dioden D_5 und D_6 reduziert werden kann.

Aufgrund der günstigen Schaltereigenschaften von Feldeffekttransistoren bei niedrigeren Frequenzen werden zunehmend auch integrierte Abtasthalteglieder in MOS-Technik benutzt [5.15].

5.2.4 Digitales Abtasthalteglied

Wie aus den Ausführungen des Abschnitts 5.2.3 hervorgeht, werden an die Bauelemente eines analogen Abtasthalteglieds erhebliche Anforderungen gestellt. Angesichts der Fortschritte auf dem Gebiet der digitalen integrierten Schaltkreise sind deswegen Überlegungen angestellt worden, um die Schnittstelle zwischen Analog- und Digitalteil eines Analog-Digital-Umsetzers möglichst zugunsten der Digitaltechnik zu verschieben. Auf diesem Weg gelangt man zum digitalen Abtasthalteglied bzw. zum sog. "Sampling-on-the-fly", dem "fliegenden" Abtastverfahren, wie es an anderer Stelle [5.11] bezeichnet wird.

In der Schaltung lt. Bild 5.24 erkennen wir unschwer einen parallelen A-D-Umsetzer. Die Eingangsspannung u_X wird parallel einer Kette von n-1 Komparatoren zugeführt, welche ihre Vergleichsspannung, linear abgestuft nach Art eines elektrischen Lineals, über einen von einem konstanten Strom aus einer Referenzquelle U_{Ref} durchflossenen Spannungsteiler beziehen. u_X darf sich als Funktion der Zeit ("fliegend") kontinuierlich ändern und die Komparatoren, die schnell genug sein müssen, um dieser Änderung zu folgen, ändern ihre Ausgangswerte entsprechend mit: Der momentane Wert der Spannung u_X bildet sich auf den Ort der Komparatorausgänge ab. d. h. z. B. die Stelle, an der die Grenze zwischen dem Vergleich "O" bzw. "1" liegt, verschiebt sich entsprechend dem Verlauf von $u_X(t)$. Die Ausgänge der Komparatoren sind je mit dem Eingang eines "UND"-Gatters verbunden, an dessen zweitem Eingang der Abtastimpuls in Form einer "1" angelegt wird. Die zu diesem Zeitpunkt vorhandene Wertekonfiguration der Komparatoren wird in den nachgeschalteten Flip-Flops gespeichert und während der "Haltephase", in der der Abtastimpuls auf "O" liegt, in einer nachfolgenden Logik in einen gewünschten Code, z. B, dual mit ld n Stellen, umgewandelt.

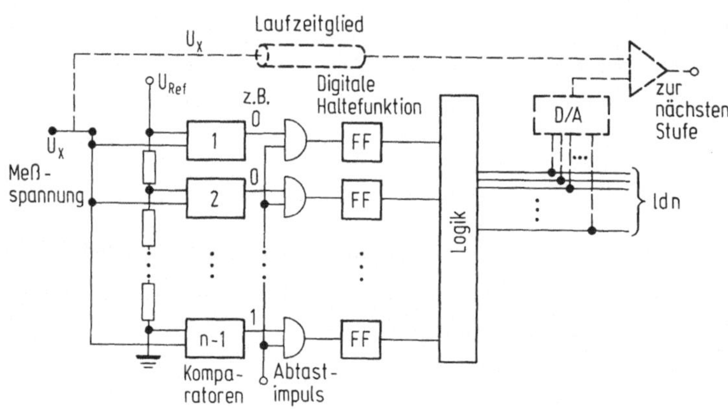

5.24. Paralleler Analog-Digital-Umsetzer als digitales Abtasthalteglied

UND-Gatter und Flip-Flops sind als integrierte, taktgesteuerte Bausteine erhältlich. Es sind auch bereits integrierte Bausteine angekündigt, welche auf einem IC die Komparatoren, Speicher und die Logik für 4 bit aufweisen. Mit einem zweiten solchen IC und einem weiteren, auf dem ein entsprechender Digital-Analog-Umsetzer untergebracht ist, läßt sich die Anordnung auf 8 bit erweitern, wie im Bild angedeutet. Zwischen Ausgang und Differenzverstärker, bzw. zwischen die Abtasttakte der einzelnen Bausteine muß eine der Laufzeit angepaßte Verzögerung eingeschaltet werden, damit die erste und zweite Viergruppe der Digitalstellen relativ zum Signal an der gleichen Stelle gebildet werden. Ob die Apertur einer solchen Anordnung auf annehmbare Werte gebracht werden kann, bleibt abzuwarten.

Die Anordnung hat den Vorteil, daß die Funktionen des Abtasthalteglieds und des eigentlichen A-D-Umsetzers in einer Schaltung vereinigt sind. Vom Prinzip her haften ihr die gleichen Nachteile an wie die des Parallelverfahrens, nämlich der hohe Schaltungsaufwand. Auch muß grundsätzlich mit einem Aperturfehler gerechnet werden, der durch unterschiedliche Ansprechzeiten der Komparatoren einerseits und im Fall von mehreren in Kaskade betriebenen Einzelschaltungen über den Laufzeitausgleich hereinkommt.

Eine Versuchsschaltung, bei der als Codierer ein Festwertspeicher eingesetzt wurde, ist auf 16 Dickfilmsubstraten der Größe 20 x 25 mm^2, von denen jedes 8 Komparatoren und 8 Gatter enthält, für 7 bit Wortlänge und eine Abtastfrequenz von 30 MHz realisiert worden [5.11].

Auf die in Abschnitt 3.2 besprochenen weiteren Möglichkeiten zur Verwirklichung des Parallelverfahrens, die sich grundsätzlich alle als digitales Abtasthalteglied eignen, sei hingewiesen.

5.3 Komparatoren

5.3.1 Einleitung

Komparatoren haben die Aufgabe, zwei Spannungen miteinander zu vergleichen. Sie werden demnach in Analog-Digital-Umsetzern eingesetzt, um eine zu messende Spannung einem von mehreren Bereichen zuzuordnen. Die Anzahl der benötigten Komparatoren stellt ein wesentliches Maß für den Aufwand dar, den man für einen A-D-Umsetzer zu betreiben hat.

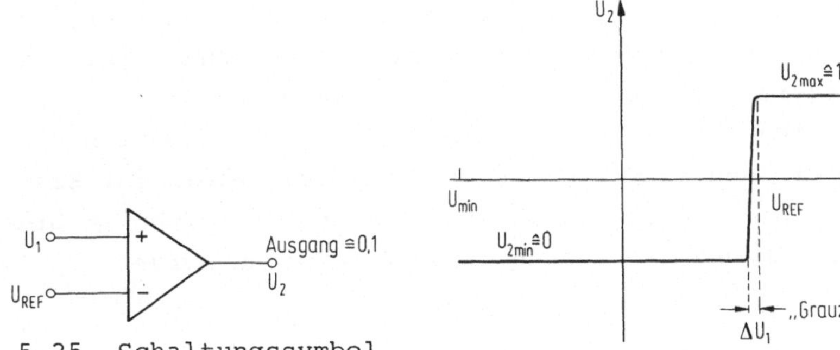

5.25. Schaltungssymbol
eines Komparators

5.26. Kennlinie eines Komparators

Bild 5.25 zeigt ein gebräuchliches Symbol für einen Komparator, Bild 5.26 die Kennlinie: Der für einen Vergleich zugelassene Bereich liegt zwischen $U_{MIN} \leqq U_1 \leqq U_{MAX}$. Vielfach ist $|U_{MIN}| = |U_{MAX}|$ oder einer der Werte ist Null. Die Vergleichsspannung U_{REF} kann dann innerhalb des gleichen Intervalles liegen. Für $U_1 \leqq U_{REF}$ ist $U_2 = U_{2MIN} \triangleq$ "O", für $U_1 \geqq U_{REF}$ ist $U_2 = U_{2MAX} \triangleq$ "1".

Der Übergang von O auf 1 ist nicht unendlich steil, sondern von endlicher Breite ΔU_1 aufgrund der endlichen Verstärkung im Übergangsbereich (Gain Error). Die Größe ΔU_1 der Grauzone ist maßgeblich für die maximale Zahl von unterscheidbaren Stufen, welche man im Aussteuerbereich zwischen U_{MIN} und U_{MAX} unterbringen kann. ΔU_1 sollte möglichst klein sein. Um ein Beispiel zu nennen: Bei einem Wandler mit 12 bit Auflösung und einem Meßbereich von $U_{MAX}-U_{MIN} = 10$ V beträgt die Breite einer Stufe etwa 2,5 mV. Die notwendige Verstärkung ergibt sich aus der Tatsache, daß der Ausgang des Komparators zur Ansteuerung nachfolgender Verknüpfungsglieder zu dienen hat, d. h. der Spannungshub zwischen "1" und "O" beträgt z. B. bei ECL O,9 V, bei TTL etwa 5 V. Aus der Breite der Grauzone ergibt sich daraus eine Verstärkung von mehreren hundert bis über tausend. Hinzu kommt die Anforderung kurzer Übergangszeit von einem Zustand in den anderen, was mit einer entsprechend großen Bandbreite in Verbindung mit der Verstärkung zu erzielen ist. Komparatoren sind also Schaltungen mit hoher Verstärkung und Bandbreite und sind deswegen im Aufbau den Operationsverstärkern sehr ähnlich.

Im Unterschied zu Breitbandverstärkern arbeiten jedoch Komparatoren meistens nicht im linearen Verstärkungsbereich, sondern in der einen oder anderen Endlage, eben im Zustand O oder 1, d. h. im Sinn eines Verstärkerbetriebs befinden sie sich im übersteuerten Zustand. Es sind deswegen i. a. besondere Vorkehrungen zu treffen, um nachteilige Folgen der Übersteuerung, etwa eine Sättigung der Transistoren im Verstärker, zu vermeiden. Aufgrund der Aussteuerung von Anschlag zu Anschlag ist die Angabe der Übergangszeit (Response Time) eine bessere Angabe als die Bandbreite. Erforderlich ist ferner ein höherer Gleichtaktbereich als bei Verstärkern, dafür kann eine größere Drift und ein kleinerer Eingangswiderstand zugelassen werden, selbst instabiles Verhalten im Linearbereich kann auftreten und u. U. auch in Kauf genommen werden.

5.3.2 Bandbreite und Übergangsverhalten

Wie in Abschnitt 5.3.1 bereits erwähnt, ist der Aufbau von Komparatoren ähnlich demjenigen von Operationsverstärkern, andererseits jedoch die Übergangszeit wichtiger als die Bandbreite. Zwischen beiden besteht jedoch ein Zusammenhang, der im folgenden aufgezeigt wird.

Bild 5.27 zeigt die Schaltung eines Komparators, die im wesentlichen aus der Eingangsschaltung eines Differenzverstärkers mit den Transistoren T_1, T_2 in Verbindung mit dem Stromspiegel aus der Diode D und dem

Transistor T_3 und einem Verstärkerteil, angedeutet durch das Symbol für einen Verstärker, besteht. Um die Verstärkung der Eingangsstufe so groß wie möglich zu machen, wird der Lastwiderstand der Transistoren T_2 und T_3 so groß wie möglich gewählt, so daß im wesentlichen nur noch die Kapazität C_c, die ohnehin meist zur Stabilisierung des Frequenzganges vorgesehen ist, als Last wirkt.

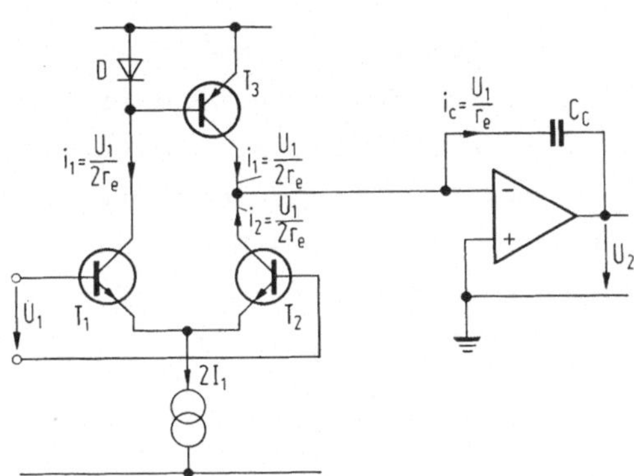

5.27. Vereinfachte Prinzipschaltung eines Komparators

Aus der Schaltung entnimmt man

$$\left|\frac{u_2}{u_1}\right| = \frac{1}{r_e\, \omega\, C_c} \tag{1}$$

Aus dieser Beziehung ergibt sich das sog. Verstärkungs-Bandbreiteprodukt, d. h. die Frequenz ω_g, bei der $|u_2/u_1| = 1$ wird zu:

$$\omega_g = \frac{1}{r_e\, C_c} \tag{2}$$

Wird nun die Eingangsstufe im Betrieb als Komparator übersteuert, so ist nur noch einer der beiden Transistoren T_1 oder T_2 stromführend, wobei der Emitterstrom durch die Konstantstromquelle mit dem Wert $2I_1$ bestimmt wird. Damit wird der maximale Ladestrom des Kondensators i_c gleich $2I_1$ und die maximal mögliche Anstiegsrate der Spannung u_2 wird

$$\left|\frac{du_2}{dt}\right|_{MAX} = \frac{2I_1}{C_c} \tag{3}$$

Setzt man C_c aus Gleichung (2) in (3) und berücksichtigt ferner, daß der Wert r_e aus der Steigung der Eingangskennlinie der Transistoren in

Basisschaltung folgt über die Beziehung $r_e = U_T/I_e$ (U_T = Temperatur-
spannung = 26 mV bei Raumtemperatur, I_e = Emitterstrom), so erhält man
aus (3) mit $I_1 = I_e$

$$R = \left|\frac{du_2}{dt}\right|_{MAX} = 2\,\omega_g\,U_T \tag{4}$$

R bezeichnet man als die Anstiegsrate (Slew Rate) der Spannung. Bei dem
hohen Wert von $\omega_g = 2\pi \cdot 100$ MHz folgt aus dieser Beziehung $R = 33\,\frac{V}{\mu s}$,
d. h. für einen Hub von 5 V, wie er für die Ansteuerung einer TTL-Schal-
tung benötigt wird, sind etwa 150 ns Anstiegszeit zu erwarten. Das Beispiel bezieht sich auf den ungünstigsten Fall, daß der nachfolgende
Verstärkerteil die Spannungsverstärkung 1 hat. Ist seine Verstärkung
größer als dieser Wert, so wird der notwendige Hub für u_2 und damit
auch die Übergangszeit entsprechend reduziert.

Am Rande sei erwähnt, daß aus der Beziehung (4) für die Anstiegsrate
auch die Großsignalbandbreite eines Operationsverstärkers bestimmt werden kann, nämlich die Frequenz, bis zu der er eine bestimmte Eingangsspannung verzerrungsfrei, d. h. ohne Übersteuerung beim Nulldurchgang
der Sinusfunktion, verstärken kann [5.12].

In schnellen Spannungskomparatoren werden zusätzliche Maßnahmen getroffen, um die Anstiegsrate zu vergrößern. Dazu gehören der Einsatz von
Cascodestufen in Verbindung mit dem Differenzverstärker am Eingang, die
Begrenzung des Hubs durch Schottky-Dioden, oder der Einsatz von interner Rückkopplung zur Unterstützung der Eingangsspannung. Bleiben die
Spannungen, mit denen der Eingangsverstärker ausgesteuert wird, kleiner als die Spannung für übersteuerten Betrieb, also weniger als etwa
100 mV, so ist die Übergangszeit von der Größe der Eingangsspannung abhängig. Den Anteil der Eingangsspannung, der über die aus der statischen
Kennlinie ersichtlichen Übergangsbereich ΔU_1 für das Umschalten zwischen
0 und 1 hinausgeht, bezeichnet man als "Overdrive" (sinngemäß soviel wie
Überschuß). Dieser Überschuß trägt maßgeblich zur Verkleinerung der
Übergangszeiten von Komparatoren bei.

Tabelle 5.2 zeigt eine Auswahl von typischen Kenndaten, welche von han-
delsüblichen Komparatoren erreicht werden. Dabei kommt insbesondere auc
die erhebliche Abhängigkeit der Übergangszeit vom Überschuß der Ansteuerung zum Ausdruck.

Eine Reihe von Komparatoren weisen sogenannte "Strobing"-Eigenschaften
auf. Darunter versteht man die Möglichkeit, den Vergleich, der zu einem
wählbaren Zeitpunkt gültig war, festzuhalten durch ein Signal am betreffenden Eingang. Die Strobing-Eigenschaft kommt also einer digitalen Abtasthaltefunktion gleich.

Tabelle 5.2: Kenndaten von Komparatoren

	Eingang	Ausgang	Ansprechzeit
MC 1533	$\pm$ 2 mV	$\pm$ 10 V	$\lesssim$ 1 µs
	$\pm$ 20 mV		$\simeq$ 0,5 µs
MC 1710	$\pm$ 2 mV	$\pm$ 3 V	120 ns
	$\pm$ 20 mV		$\leq$ 35 ns
MC 1650	$\pm$ 10 mV	$-$ 0,8 V	5 ns
(ECL)	5 mV OFFSET	$-$ 1,85 V	
AM 685	$\pm$ 2 mV	$-$ 0,8 V	7,5 ns
(ECL)	OVERDRIVE	$-$ 1,85 V	4,5 ns
	5 mV		

5.3.3 Operationsverstärker als Komparatoren [5.13]

Wie in der Einleitung zu diesem Kapitel unter 5.3.1 bereits erwähnt
wurde, sind Operationsverstärker, die als Breitbandverstärker ausgelegt sind, auch als Komparatoren einsetzbar, wenn man nicht auf die
marktgängigen Komparatoren selbst zurückgreifen möchte. In diesem Abschnitt sollen einige Hinweise auf mögliche Probleme und deren Ver-
meidung gegeben werden.

Bild 5.28a zeigt einen Operationsverstärker mit äußerer Beschaltung
durch einen Widerstand R und eine Spannungsreferenzdiode R_F, deren
Durchlaß und Sperrkennlinienäste lt. Bild 5.28b für einen Übersteuerungsschutz des Operationsverstärkers sorgen. Die Durchbruchspannung
muß zu diesem Zweck niedriger als die Übersteuerungsgrenze der Ausgangsspannung des Verstärkers gewählt werden. Für Werte von U_1, die
stark negativ sind, befindet sich die Diode in ihrem Rückwärtsdurch-
bruch. Wegen der Vorzeichenumkehr durch den Verstärker und der Tatsache, daß die Eingangsspannung des Verstärkers $U_1 \simeq 0$ (virtuelle Mas-

se) ist, ist $U_2 = U_Z$, für große positive Werte von U_1 ist umgekehrt $U_2 = U_D$, der Durchlaßspannung der Diode. Für $I = 0$ erfolgt der Übergang idealerweise im Nullpunkt mit einer Steilheit, welche vom Verhältnis R_F/R abhängt, wobei unter R_F die Steigung der Diodenkennlinie im Ursprung zu verstehen ist (Bild 5.29).

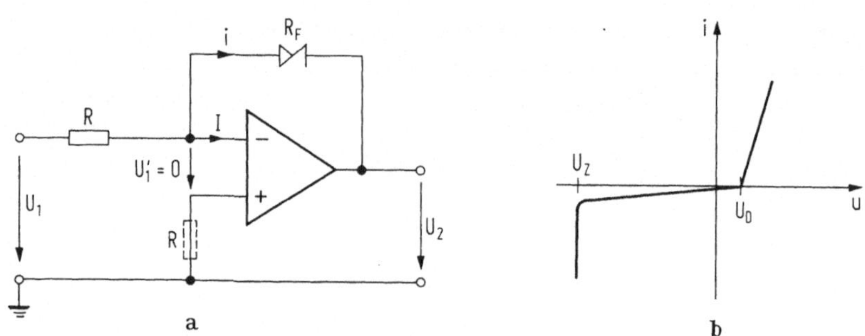

5.28a,b. Operationsverstärker als Komparator mit Übersteuerungsschutz durch eine Spannungsreferenzdiode

a. Schaltung
b. Kennlinie der Spannungsreferenzdiode

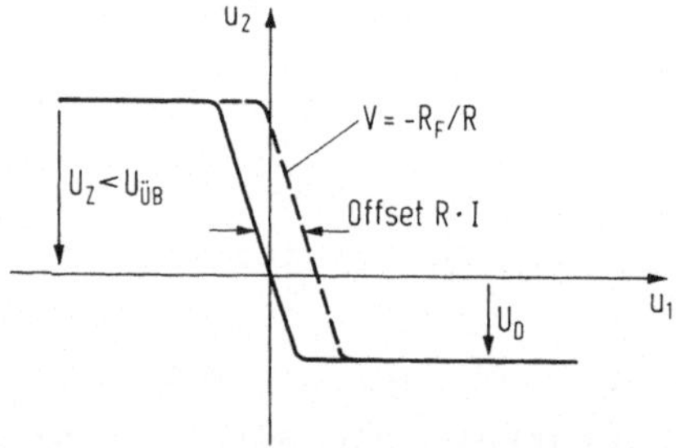

5.29. Übertragungskennlinie der Schaltung von Bild 5.28

In Wirklichkeit fließt in den Eingang des Verstärkers stets ein kleiner Offsetstrom, d. h. der Basisstrom des Eingangstransistors. Er bewirkt, daß bei $U_2 = 0$ und damit $i = 0$ die Eingangsspannung $u_1 = R\,I$ ist und damit der Übergang um diesen Wert $R\,I$ nach rechts verschoben wird, wie gestrichelt eingezeichnet. Ein Ausgleich dieses Versatzes gelingt durch Einfügung eines Widerstandes R' in die Plus-Zuleitung des Verstärkers, wobei $R' = R$ wird, wenn beide Offsetströme, am Plus- und Minus-Eingang, genau gleich sind. Für $U_1 = 0$ sind nun beide Eingänge um $R\,I$ abgesenkt und damit ist $U_1' = 0$ und $U_2 = 0$. Auch ein zusätzlicher Spannungsoffset läßt sich durch Veränderung von R' mit kompensieren.

Der Nachteil der Schaltung ist der endliche Eingangswiderstand sowie
die Tatsache, daß selbst kleine Störspannungen ein Umschalten von der
einen in die andere Endlage bewirken.

Soll der Vergleich nicht beim Wert Null der Spannung erfolgen, so kann
man grundsätzlich eine Schaltung nach Bild 5.30 vorsehen, bei der der
Plus-Eingang an die Vergleichsspannung U_{REF} angeschlossen ist. Ein Übersteuerungsschutz ist durch die beiden Dioden vorgesehen. Der Übergang
bei der Spannung U_{REF} erfolgt mit einer Steilheit, die durch die Leer-
laufspannungsverstärkung des Verstärkers gegeben ist. Nachteilig an
der Schaltung ist die Verschiebung des Übergangs infolge der endlichen
Gleichtaktunterdrückung des Verstärkers. Dieser Effekt ist grundsätzlich vorhanden, kann aber durch eine andere Schaltungsauslegung nach
Bild 5.31 umgangen werden: Für den Verstärker findet jetzt der Übergang bei der Spannung $U_1' = 0$ statt, somit entfällt der Einfluß eines
Gleichtaktsignals.

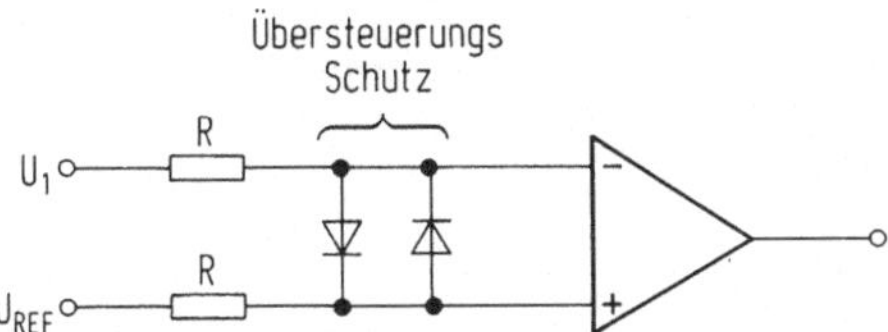

5.30. Operationsverstärker als Komparator mit Dioden als Übersteuerungsschutz

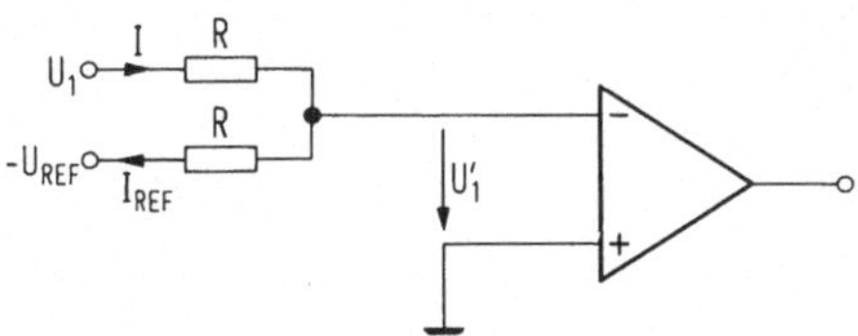

5.31. Komparatorschaltung ohne Einfluß der Gleichtaktunterdrückung auf
den Spannungsvergleich

Schließlich sei noch eine Schaltung angegeben, welche unter dem Namen
Schmitt-Trigger bekannt ist. Sie verhindert durch eine einstellbare Hysterese das unbeabsichtigte Umschalten durch kleine Störspannungen und
bewirkt durch die ihr innewohnende positive Rückkopplung auch eine größere Steilheit des Übergangs der Kennlinie.

Die Schaltung lt. Bild 5.32 weist als Besonderheit gegenüber den bisherigen Schaltungen zusätzlich zur negativen Rückkopplung auch eine positive Rückkopplung über die Widerstände R_2 und R_3 auf. Die beiden ge-

geneinander geschalteten Dioden ergeben wieder einen Übersteuerungsschutz für den Verstärker und eine symmetrische Kennlinie (Bild 5.33)
für den Zweipol im negativen Rückkopplungszweig. Mit den üblichen Ide-

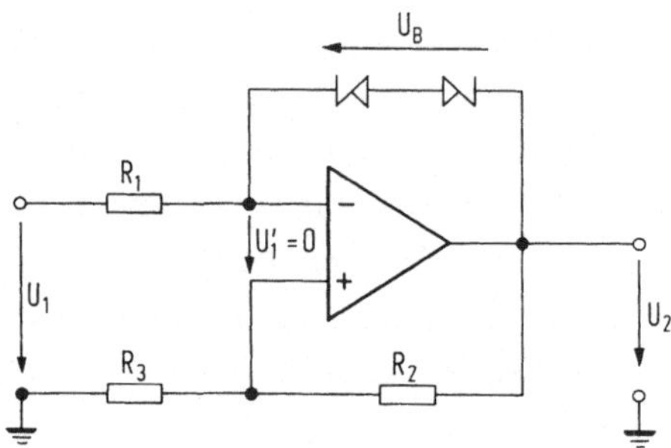

5.32. Operationsverstärker in einer Schaltung als Schmitt-Trigger

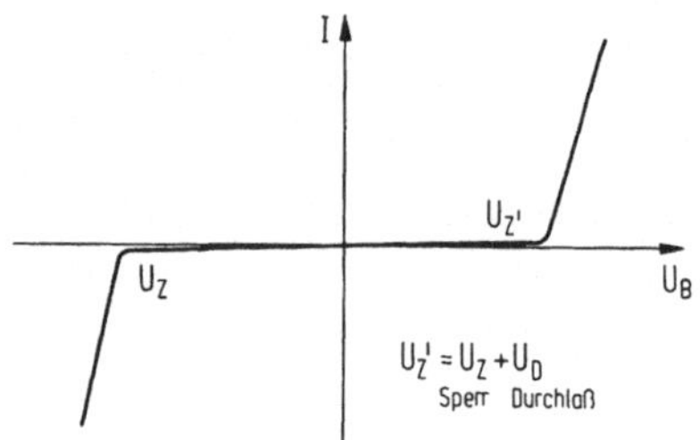

5.33. Kennlinie des Zweipols im negativen Rückkopplungszweig des
Operationsverstärkers

alisierungen für den Operationsverstärker ($V \to \infty$, d. h. $U_1' = 0$ für end-
liches U_2 und vernachlässigbare Eingangsströme an Plus- und Minus-Eingang) gilt:

$$U_{R2} = U_B \tag{1}$$

$$I_{R2} = I_{R3} = \frac{U_B}{R_2} \tag{2}$$

$$U_{R3} = I_{R3} R_3 = \frac{U_B}{R_2} R_3 \tag{3}$$

$$U_2 = U_{R3} + U_B = U_B \left(1 + \frac{R_3}{R_2}\right) \tag{4}$$

Für stark negative Werte der Eingangsspannung ist $U_B = U_Z'$ und damit
$U_2 > 0$, für stark positive Werte von U_1 ist $U_B = -U_Z'$ und damit U_2 negativ und jeweils unabhängig von U_1. Durchfährt man die Kennlinie Bild
5.34 von stark negativen Werten von U_1 her, so ist $U_{R3} > 0$ und der Übergang vom oberen auf den unteren Ast der Kennlinie geht bei dem durch

Gleichung (3) gegebenen positiven Wert vor sich, umgekehrt ist bei stark positivem U_1 die Spannung U_{R3} negativ, so daß beim Durchlaufen der Kennlinie von rechts nach links der Umschlag von unten nach oben bei einer negativen Spannung entsprechend Gleichung (3) stattfindet. Die Kurve

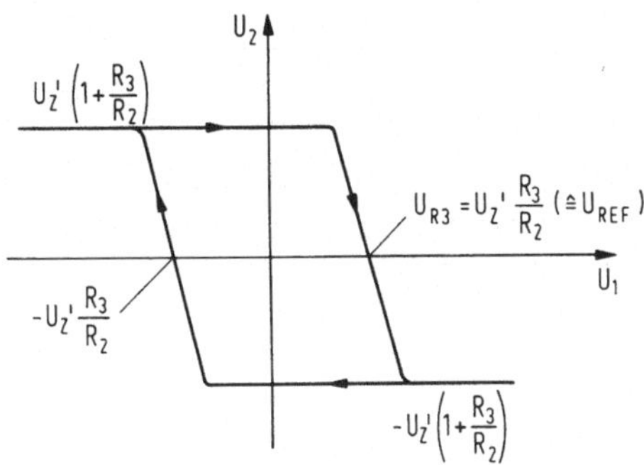

5.34. Übertragungskennlinie der Schaltung von Bild 5.32

weist also eine Hysterese auf, deren Breite je nach gewünschter Sicherheit gegen unbeabsichtigtes Umklappen durch Störspannungen mittels der Widerstände R_2 und R_3 eingestellt werden kann. Der Übergang ist praktisch beliebig steil, da die positive Rückkopplung die Wirkung von U_1 unterstützt.

5.3.4 Tunneldiode als Komparator

Bei weitem der schnellste verfügbare Komparator ist die Tunneldiode, die aus diesem Grund auch in einer Reihe von schnellen Analog-Digital-Umsetzern eingesetzt wurde. Schnellste Exemplare erreichen im Schaltbetrieb Umklappzeiten bis herunter zu 30 ps (1 ps = 10^{-12} s).

Die Tunneldiode vergleicht Ströme, wobei man entsprechend ihrer Kennlinie (Bild 5.35) ihren Spitzenstrom I_p als Schwellwert heranzieht. Da diese Schwelle vom Typ vorgegeben ist (1 mA $\leq I_p \leq$ 100 mA sind gängige Werte), läßt sich die Schwelle durch Einstellung eines Vorstromes I_O verändern. Maßgeblich für den Vergleich ist dann die Differenz $I_p - I_O$. Wie sich zeigen läßt, erfolgt das Umschalten am schnellsten, wenn der Innenwiderstand der Quellen, aus denen die Tunneldiode gleich- und wechselstrommäßig gespeist wird, $R_i \to \infty$ geht, wodurch sich als Arbeitsgeraden horizontale Geraden in Bild 5.35 ergeben.

Wird der zu messende Strom $\Delta I > I_p - I_O$, so schaltet die Tunneldiode aus ihrem Niedrigspannungszustand $U_L \leq$ 50 mV in ihren Hochspannungszustand,

116

wobei $U_H \leq 500$ mV (bei Ge-Dioden, GaAs-Dioden erreichen etwa doppelt so
große Werte). Die Schaltzeit beträgt hierbei angenähert

$$t_A = \frac{\Delta U \; C}{0,8 \; I_p} \quad , \qquad \Delta U = U_H - U_p$$

d. h. die Anstiegszeit dauert so lange wie der 0,8fache Spitzenstrom
benötigt, um die Kapazität C der Diode um den Spannungshub $\Delta U = 0,5$ V
umzuladen. Dabei ist ein Überschuß von mindestens 10 % des Spitzen-
stroms zugrundegelegt.

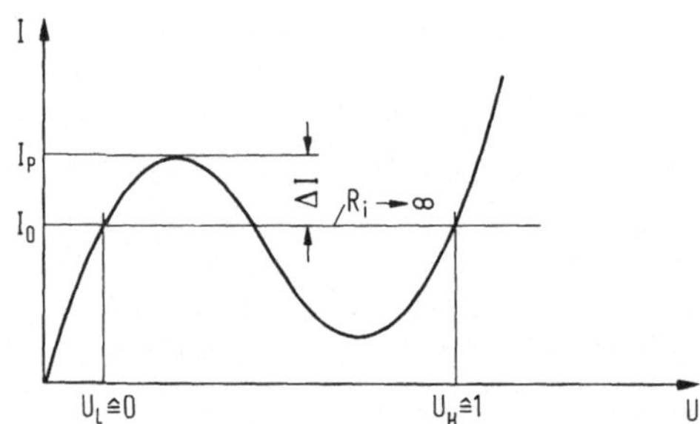

5.35. Kennlinie der Tunneldiode und optimale Beschaltung als Strom-
komparator

5.4 Sägezahnerzeugung

<u>5.4.1 Einleitung</u>

Eine Sägezahnspannung besteht aus einem linear mit der Zeit ansteigenden Hinlauf und einem Rücklauf von meist erheblich kürzerer Dauer. Innerhalb von Analog-Digital-Umsetzern kommen sie beim indirekten Verfahren vor, bei dem eine Spannung in eine proportionale Zeit umgewandelt
wird (s. Kapitel 3.5). Sägezahnförmige Spannungen spielen ferner in der
Zeitablenkung von Oszillographen, Fernsehgeräten und schreibenden Meß-
geräten eine Rolle.

Man unterscheidet selbstgesteuerte und fremdgesteuerte Generatoren, je
nachdem, ob Start und Ende vom Generator selbst bestimmt, das Gerät also frei läuft, oder von außen angestoßen und beendet werden. Auch der
Anstoß von außen und eine selbstgesteuerte Beendigung des Vorgangs ist
gebräuchlich.

Eine einfache selbstgesteuerte Schaltung zeigt Bild 5.36. Wählt man die
Batteriespannung größer als die Zündspannung des Thyristors, so lädt
sich der Kondensator über den Widerstand R solange auf, bis die Zündspannung erreicht ist, danach erfolgt eine schnelle Entladung bis zur

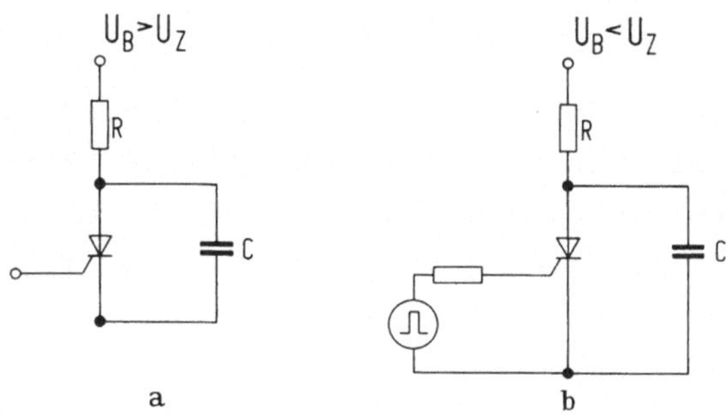

5.36a,b. Thyristor in einer Schaltung als Generator mit angenähert
sägezahnförmigem Spannungsverlauf

a. selbstgesteuert
b. fremdgesteuert

Löschspannung. Die Frequenz kann über die Wahl von R und C verändert
werden, die ansteigenden Flanken sind Ausschnitte aus Exponentialfunk-
tionen. Wählt man wie in Bild 5.37 die Batteriespannung kleiner als die
Zündspannung, so lädt sich der Kondensator exponentiell auf U_B auf, die
Entladung kann über die Steuerelektrode eingeleitet werden. Bei der
Verwendung eines Transistors anstelle eine Widerstands kann eine Aufladung mit einem im wesentlichen konstanten Strom zu einem wesentlich
besseren zeitlinear verlaufenden Anstieg der Spannung führen.

5.4.2 Der Miller-Integrator

Laden wir einen Kondensator durch eine sprungförmig zur Zeit t = 0 ein-
geschaltete Spannung auf den konstanten Wert U_V über einen Widerstand R
auf, so ergibt sich eine Spannung der Form

$$u_C = U_V(1-e^{-\frac{t}{RC}}) \tag{1}$$

und ein Strom

$$i = \frac{U_V}{R}\, e^{-\frac{t}{RC}} = \frac{U_V}{R} - \frac{u_C}{R} = I_0 - \Delta i \tag{2}$$

118

Die Ursache für die Abweichung vom linearen Verlauf ist die Abweichung
Δi des Stroms vom konstanten Wert I_O. Man kann diese Größe als Maß für
den Linearitätsfehler einführen in der Form

$$\frac{\Delta i}{I_O} = \frac{u_C}{U_V} \tag{3}$$

Dieser Fehler bleibt klein, solange u_C klein bleibt, d. h. solange wir
nur einen kleinen Teil der gesamten Exponentialfunktion durchlaufen.
Von dieser Gegebenheit macht man beim Miller-Integrator Gebrauch. Er
wurde ursprünglich mit Röhren-Pentoden verwirklicht, kann aber auch mit
Operationsverstärkern aufgebaut werden.

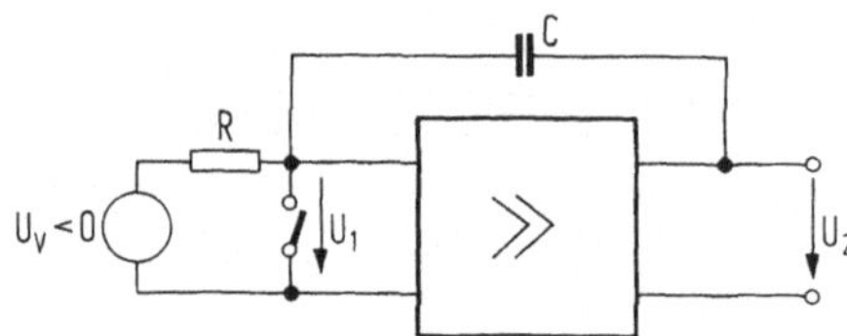

5.37. Prinzipschaltbild des
Miller-Integrators mit einem
Operationsverstärker

Die grundsätzliche Schaltung zeigt Bild 5.37. Im Ruhezustand ist der
Schalter geschlossen, so daß $u_1 = 0$ und der Strom über den Schalter
$I = \frac{U_V}{R}$ wird. Wird der Schalter geöffnet, so fließt (Eingangsspannung
des Verstärkers = 0) dieser Strom als Ladestrom in den Kondensator C.
Ist $V = \left|\frac{u_2}{u_1}\right| \to \infty$, so ist $u_1 = 0$ bei endlichen Werten von u_2 und der
Ladestrom bleibt konstant. Bei endlichem V baut sich am Eingang eben-
falls eine endliche Spannung u_1 auf und der Strom ändert sich um
$\Delta i = \frac{u_1}{R}$. Bezieht man diese Änderung auf den Anfangsstrom, so erhält
man wieder den Linearitätsfehler

$$\frac{\Delta i}{I_O} = \frac{u_1}{R}\,\frac{R}{U_V} = \frac{u_2}{|V|\,U_V} \tag{4}$$

Bei sonst gleichen Werten von U_V und u_2 ist der Linearitätsfehler um
den Faktor der Verstärkung reduziert, wie aus dem Vergleich mit (3)
hervorgeht.

5.4.3 Verfahren der mitlaufenden Ladespannung

Der grundsätzlich unvermeidliche Fehler des Miller-Integrators, nämlich
daß die verwendete Spannung Teil einer Exponentialfunktion ist, läßt
sich vermeiden, wenn der Kondensator von einem konstanten Strom ge-

speist wird. Dies geschieht in der Schaltung lt. Bild 5.38, wobei der im Ruhezustand geschlossene Schalter zunächst den Ladestrom der Größe U_V/R aufnimmt. Wird der Schalter geöffnet, so fließt dieser Strom auf den Kondensator, dessen Spannung u_1 mit dem Faktor 1 exakt am Ausgang reproduziert wird und den Fußpunkt der Batteriespannung U_V anhebt, so daß die Spannung am Widerstand stets gleich U_V bleibt und damit auch der Ladestrom konstant wird. Bei konstantem Ladestrom wird aber

$$\frac{dU_C}{dt} = \frac{U_V}{R\,C} = const$$

und damit $u_C(t)$ eine linear mit der Zeit ansteigende Spannung. Problematisch an der Schaltung ist die Verwirklichung der konstanten Batteriespannung U_V, deren einer Pol zudem nicht auf einem konstanten Poten-

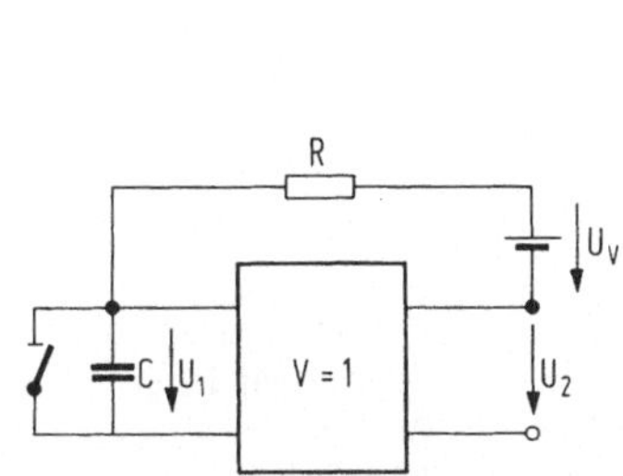

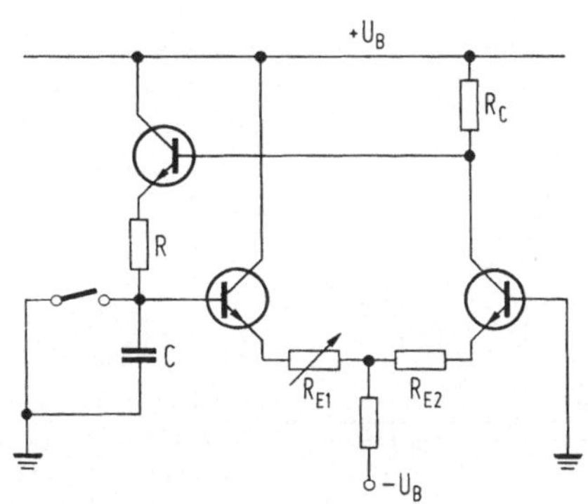

5.38. Prinzipschaltbild zur Erzeugung einer zeitlinear ansteigenden Spannung mittels einer mitlaufenden Ladespannung

5.39. Beispiel für eine Realisierung der Prinzipschaltung aus Bild 5.38.

tial liegt. Eine einfache Schaltung zur Verwirklichung des Grundgedankens der mitlaufenden Ladespannung zeigt Bild 5.39. Bei ihr ist

$$U_V = U_B - R_C\,I_O/2 - U_{BE} \quad ,$$

wobei $U_{BE} \simeq 0,6\ V \simeq const$ ist und über die Stromquelle mit dem Wert I_O auch U_V konstant gehalten werden kann. Der Spannungshub im Kondensator ergibt sich aus der maximalen Stromänderung von $I_O/2$ in den Transistoren des Differenzverstärkers. Die beschriebene Schaltung ist in der angelsächsischen Literatur unter dem Namen "Bootstrap Circuit" bekannt.

5.4.4 Kondensatoraufladung mit Konstantstromquelle

Den theoretisch besten, weil fehlerfreien Verlauf erhält man bei Aufladung eines Kondensators über eine umschaltbare Konstantstromquelle.
Eine Schaltung, die über einen weiten Bereich der Steilheiten der er-
zeugten Spannung, des Hubs der Spannung und des Verhältnisses von
Steilheit der Anstiegsflanke zur Rückflanke zu verwenden ist, erhält
man durch Kombination eines Schmitt-Triggers lt. Kapitel 5.3.3 mit
einem als Stromschalter betriebenen Differenzverstärker. Die Schaltung
wird über einen Schalter S_1 angestoßen und stellt sich selbst nach Erreichen einer einstellbaren Spannung am Kondensator C in den Ruhezustand zurück (Bild 5.40).

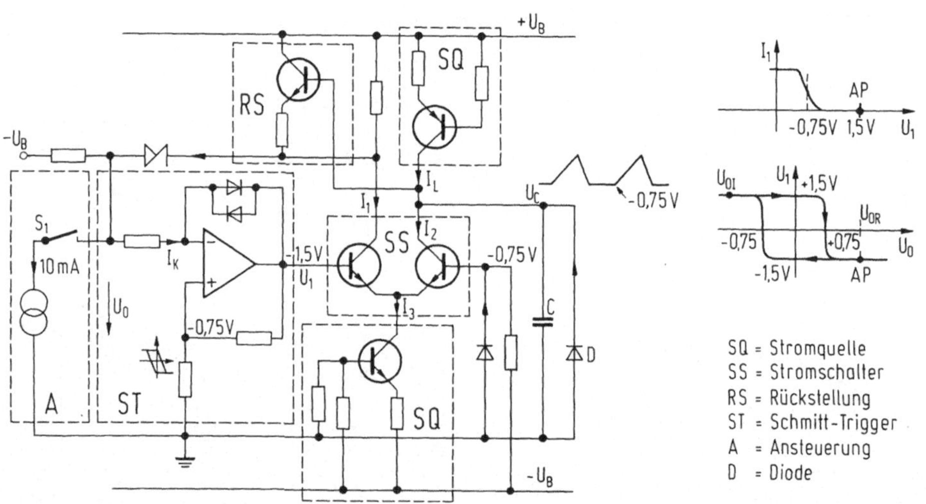

5.40. Schaltungsbeispiel für einen Sägezahngenerator mit externer Ansteuerung und interner Rückstellung

Im Ruhezustand hat der Schmitt-Trigger bei positiver Eingangsspannung
eine negative Ausgangsspannung, welche im Stromschalter den rechten
Transistor einschaltet, so daß $I_2 = I_3$. Mit $I_2 > I_L$ wird die Diode D
leitend, so daß die Spannung am Kondensator $u_C \approx -0,7$ V beträgt. Wird
der Schalter S_1 kurz betätigt, so klappt der Schmitt-Trigger auf positive Ausgangsspannung um, es wird $I_1 = I_3$, so daß sich der Zustand auch
beim Öffnen von S_1 erhält. Der Kondensator C wird nunmehr mit dem Strom
I_L der Konstantstromquelle linear mit der Zeit aufgeladen. Wird die
Spannung u_C größer als die Spannung am Kollektor des linken Transistors
im Stromschalter, so beginnt der Transistor im Rückstellkreis RS Strom
zu führen, was bei einer bestimmten Spannung u_C den Schmitt-Trigger

wieder zum Umschalten in die Ausgangslage bringt. Die Rückkehr der Kondensatorspannung in den Ausgangszustand bewirkt der Strom $I_2-I_L > 0$. u_C wird beim Wert von etwa $-0,7$ V durch die Diode festgehalten.

Die Kondensatorspannung als zeitabhängige Größe, ihre Steigung sowie ihr Maximalwert sind lediglich von statischen Schaltungsparametern, d. h. Spannungen und Widerständen abhängig. Die Dauer der Schließung des Schalters S_1 muß nur groß genug sein, um den Schmitt-Trigger umklappen zu lassen. Ein einfaches Ersatzschaltbild für den wesentlichen Vorgang der Auf- und Entladung des Kondensators zeigt Bild 5.41.

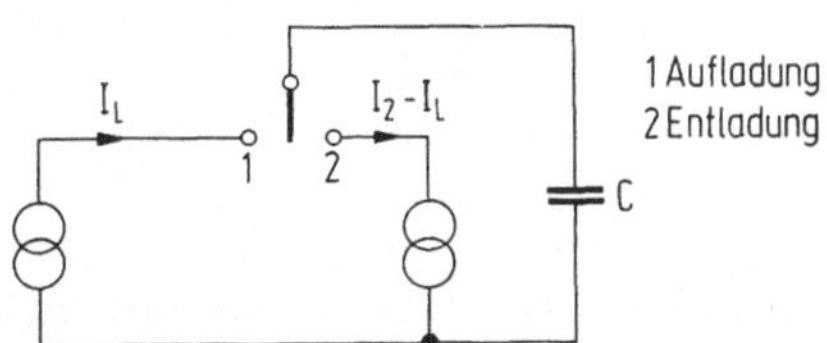

5.41. Einfaches Ersatzschaltbild für die Umladung des Kondensators C in der Schaltung von Bild 5.40.

Die Schaltung in Bild 5.40 steht stellvertretend für eine ganze Reihe von möglichen Modifikationen. Wesentlich ist die Verwendung von Konstantstromquellen in Form von seriengegengekoppelten Transistoren bzw. von umschaltbaren Konstantstromquellen in Form des übersteuerten Differenzverstärkers (= Stromschalter), bei dem Spannungen von $\pm$ 200 mV zum Umschalten ausreichen. Dadurch wird es möglich, alle gebräuchlichen Digitalschaltungen zur Ansteuerung einzusetzen.

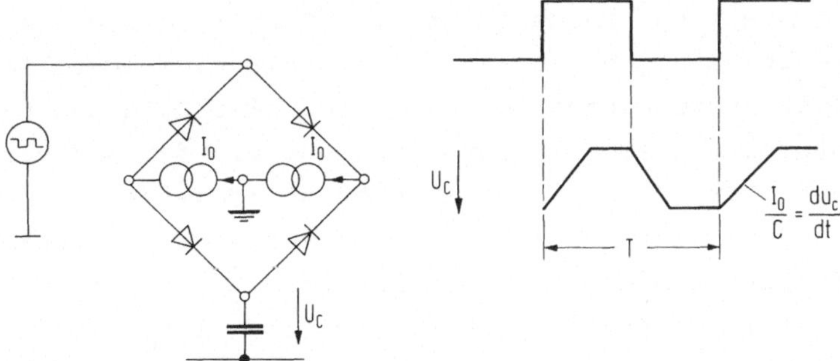

5.42. Schaltungsvariante zur Erzeugung von linear mit der Zeit ansteigenden bzw. abfallenden Spannungen

Eine Alternative bezüglich der Ansteuerung und Rückstellung stellt die Verwendung der aus dem Abtasthalteglied lt. Abschnitt 5.2.3 entwickelten Schaltung (Bild 5.42) dar: Steuert man die Brückenschaltung über

einen Rechteckgenerator an, so erfolgt die Umladung des Kondensators C
bis zum maximalen Wert der Rechteckspannung mit konstanter Steigung,
welche durch die Stromquellen der Größe I_0 gegeben ist. Durch entsprechende Wahl von I_0, der Periode C und der Amplitude der Rechteckspan-
nungsperiode T und der Amplitude der Rechteckspannung lassen sich drei-
eck-, trapez- und sägezahnförmige Spannungsverläufe erreichen.

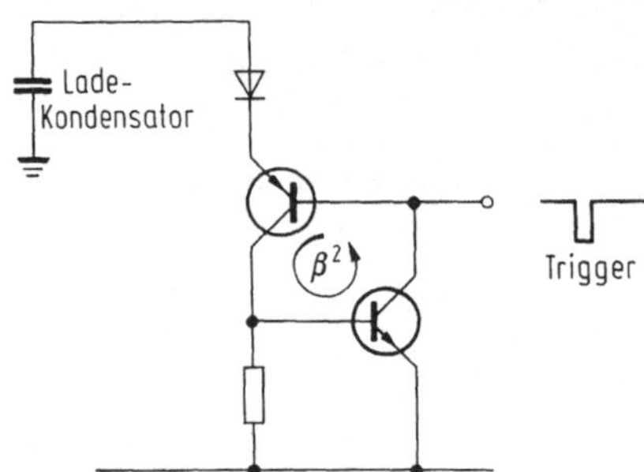

5.43. Schaltung zur schnellen Entladung eines aufgeladenen Kondensators

Soll die Entladung sehr schnell ablaufen im Vergleich zur Aufladung,
so eignet sich eine Konstantstromquelle weniger. Eine Schaltung lt.
Bild 5.43, welche eine positive innere Ringverstärkung nach Art eines
Thyristors hat und aus zwei Transistoren aufgebaut ist, kann durch Trig-
gerung von außen oder nach Überschreiten einer Schwelle am Kondensator
zur schnellen Entladung eingesetzt werden.

5.4.5 Treppenstufen-Generator

Wenn es um den Vergleich zweier Spannungen geht und, gerade bei der
Analog-Digital-Umsetzung, ohnehin nur eine Genauigkeit von einer Quantisierungsstufe erreicht werden kann, so eignet sich anstelle einer linear mit der Zeit ansteigenden Spannung auch eine Spannung von der Form
einer Treppenstufe, die sich insbesondere gut mit dem Zählverfahren
kombinieren läßt. Der Zähler im zyklischen A-D-Umsetzer lt. Abschnitt
3.4 stößt mit jedem Taktimpuls einen monostabilen Multivibrator an, dessen Impuls definierter Länge einen definierten Strom auf einen Kondensator schaltet, der in konstanten Inkrementen $\Delta Q = I\ t_0 = C\ \Delta u$ seine Spannung stufenartig vergrößert. Über einen hochohmigen Verstärker mit klei-
nem Ausgangswiderstand wird der Komparator gespeist. Dem Prinzip zufolge
wird insbesondere eine gute Linearität über den gesamten Aussteuerbereich erreicht.

Eine Rückstellung kann selbstgesteuert oder von außen erfolgen.

5.5 Zähler

Zähler kommen in Analog-Digital-Umsetzern bei den zyklischen Verfahren
lt. Abschnitt 3.4, bei den indirekten Verfahren und den nichtlinearen
Verfahren vor. Ihre Verwendung bei integrierten Bauformen ist von Vorteil, da Zähler als Standardbausteine vieler integrierter Schaltungs-
familien erhältlich sind. Eines der in Abschnitt 3.4 beschriebenen zyklischen Verfahren ist direkt unter dem Namen "Zählverfahren" bekannt,
da durch die Zählung der für einen Vergleich zwischen unbekannter Größe und Vergleichsgröße notwendigen Schritte der Größe Eins eine einfache duale Codierung des Ergebnisses in Form des Zustandes, den die einzelnen Zählstufen einnehmen, ermöglicht wird.

5.5.1 Asynchrone Zähler

Grundbaustein eines asynchronen Zählers ist das vielseitig einsetzbare
JK-Flip-Flop, dessen Wahrheitstabelle und Schaltungssymbol in Bild 5.44
gezeigt sind. J und K sind die Informationseingänge, T ist der Takteingang, Q bzw. $\bar{Q}$ bezeichnen die Ausgänge, an denen die gespeicherte Information entnehmbar ist. Mittels $\bar{R}$ und $\bar{S}$ kann das Flip-Flop in einen
gewünschten Ausgangspunkt gebracht werden. Mi $\bar{S}$ = O wird Q = 1, mit
$\bar{R}$ = O wird Q = O. $\bar{R}$ setzt also den Zähler auf Null, ist also der Lösch-
oder Reset-Eingang. Ferner sei angenommen, daß es sich bei den betrach-
teten Kippstufen um solche vom Master-Slave-Typ handelt, bei denen sich
der Ausgangszustand beim Übergang des Taktes von 1 auf O einstellt.
n ist ein Zeitparameter, der nach jedem Taktintervall um eins erhöht
wird. Die Speichereigenschaft des Flip-Flop drückt sich in der Wahrheitstabelle dadurch aus, daß der Zustand zum Zeitpunkt n + 1 abhängig
ist von der zur Zeit n vorhandenen gespeicherten Information Q_n.

J	K	Q_n	Q_{n+1}	
0	0	0	0	} Keine Änderung
0	0	1	1	
0	1	0	0	
0	1	1	0	Ausgangszustand gleich J, wenn K = J
1	0	0	1	
1	0	1	1	
1	1	0	1	} Änderung bei jedem Takt
1	1	1	0	

5.44. Schaltungssymbol und Wahrheitstabelle des J-K-Flip-Flop

Wie aus der Wahrheitstabelle hervorgeht, ändert das Flip-Flop mit jedem Taktimpuls seinen Zustand, wenn die beiden Eingänge J = K = 1 werden. Das JK-Flip-Flop arbeitet in diesem Fall als sogenanntes T-Flip-

Flop (= Trigger Flip-Flop). Diese Eigenschaft benutzt man beim asynchronen Dualzähler, dessen Aufbau mit vier JK-Flip-Flops Bild 5.45
zeigt. Die zu zählenden Impulse werden an den Takteingang T angelegt,
die Takteingänge der nachfolgenden Stufen werden mit dem Q-Ausgang der
jeweils vorhergehenden Stufe verbunden. Nicht eingezeichnete Eingänge
werden auf den Zustand 1 gelegt.

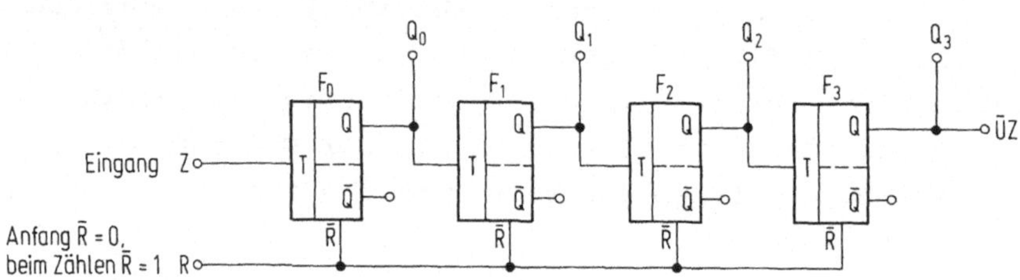

5.45. Aufbau eines asynchronen Dualzählers mit 4 Stufen aus J-K-Flip-
Flops

Q_3	Q_2	Q_1	Q_0	T
2^3	2^2	2^1	2^0	
0	0	0	0	0
0	0	0	1	1
0	0	1	0	2
0	0	1	1	3
0	1	0	0	4
0	1	0	1	5
0	1	1	0	6
0	1	1	1	7
1	0	0	0	8
1	0	0	1	9
1	0	1	0	10
1	0	1	1	11
1	1	0	0	12
1	1	0	1	13
1	1	1	0	14
1	1	1	1	15
0	0	0	0	16

5.46. Tabelle und Zeitablauf der Spannungen in einem Zählzyklus bei der
Schaltung von Bild 5.45

Vor Beginn der Zählung wird $\bar{R}$ = O, d. h. alle Stufen werden auf Null
gesetzt, während des Zählens wird $\bar{R}$ = 1. Den Ablauf des Zählvorganges
zeigt Bild 5.46, das auch den zeitlichen Verlauf der Spannungen an den
Ausgängen der einzelnen Stufen enthält. Der Index von Q bezeichnet
jetzt die einzelnen Stufen, er stimmt mit der Potenz von 2 überein,
mit der die betreffende Stelle des Flip-Flops zu gewichten ist, um die
Werte des Dualcodes zu erhalten. Der Zeitparameter in Form der Zähl-
impulse Z, die am Eingang eingegeben werden, läuft von oben nach unten

von Null bis Sechzehn. Wie aus der Tabelle für die Zustandsfolge zu entnehmen ist, enthält der Ausgang Q_O den Zustand 1 gerade halb so häufig wie der Zähleingang Z. Deswegen ändert die Stufe Q_1 ihren Zustand nur halb so häufig wie Q_O, entsprechendes gilt für Q_2 bezüglich Q_1 usw.. Die Zählkette wirkt demnach als Frequenzteiler gegenüber der Eingangsfolge um den Faktor der einer Stufe zugeordneten Potenz von zwei. Die Zeilen der Tabelle stellen direkt den dual codierten Wert der Zahl der Impulse bzw. "1"-Werte der Folge Z dar.

Nachteilig ist die Einstellzeit für das Zählergebnis, das je nach Zahl der Stufen, deren Werte sich ändern, schwankt. Im ungünstigsten Fall, nämlich beim Übergang von 15 auf 16, ändern vier Stufen ihren Wert, beginnend mit Q_O. Erst wenn Q_O zu Null geworden ist, ändert auch Q_1 seinen Zustand usw., d. h. das Einstellen erfolgt zeitlich nacheinander, die gesamte Einstellzeit wird gleich der Zahl der Stufen mal der Einstellzeit einer Stufe. Die maximale Zählfrequenz richtet sich deswegen nach diesem größten Wert und wird umso niedriger, je größer die Zahl der Stufen ist. Dies führt zu einer weiteren Verlangsamung des ohnehin schon zeitraubenden Zählverfahrens, da die Auswertung des Zählergebnisses erst nach dem Einstellen aller Stufen erfolgen kann. Abhilfe schafft der synchrone Dualzähler.

5.5.2 Synchrone Dualzähler

Beim synchronen Dualzähler ist die maximale Zählfrequenz nur abhängig von der Einstellzeit eines einzelnen Flip-Flops, da alle Stufen parallel vom Takt am Eingang T angesteuert werden (Bild 5.47). Ob die Stufe

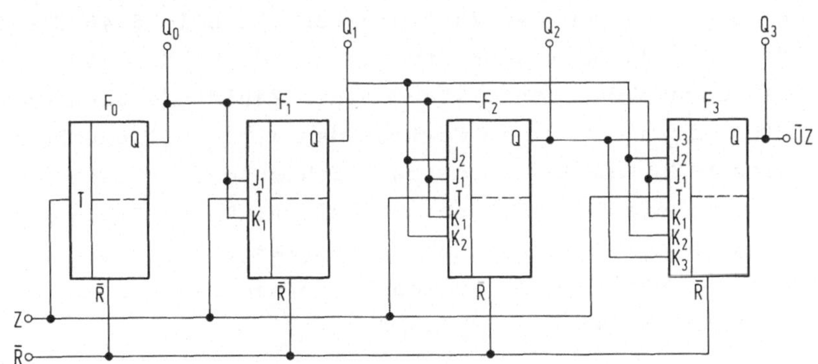

5.47. Aufbau eines vierstufigen synchronen Dualzählers aus J-K-Flip-Flops

beim nächsten Taktimpuls kippt oder nicht, hängt von den an den J- bzw. K-Eingängen anliegenden Signalen ab. d. h. man nutzt hierbei weitere Möglichkeiten des J-K-Flip-Flop, wie sie in der Wahrheitstabelle von Bild 5.44 zum Ausdruck kommen, aus.

Da die Tabelle für den Zählvorgang lt. Bild 5.46 gleichbleibt wie beim asynchronen Zähler, kann man von deren Gegebenheiten ausgehen. Man erkennt z. B., daß sich der Zustand der Stufe Q_1 nur ändert, wenn die Stufe Q_0 zuvor den Wert 1 hat. Schließt man den Ausgang Q_0 an die jeweils parallel geschalteten J- bzw. K-Eingänge der Kippstufe Q_1 an, so erreicht man gerade die gewünschte Eigenschaft. Entsprechendes gilt für die Stufe Q_2, deren Zustand sich nur ändert, wenn sowohl $Q_0 = 1$ als auch $Q_1 = 1$ sind. Man benötigt in dieser Stufe nunmehr zwei Eingänge J_1, J_2 und zwei Eingänge K_1, K_2, welche jeweils konjunktiv (= UND) verknüpft sind. Entsprechendes gilt für die weiteren Stufen, d. h. in der Stufe Q_i sind i konjunktiv verknüpfte J-Eingänge und gleichviele konjunktiv verknüpfte K-Eingänge notwendig.

Möchte man nicht modulo 2 sondern modulo m zählen, so hat man für eine Rückstellung des Zählers den Zustand m-1, d. h. den vor der beabsichtigten Rückstellung auf Null vorhandenen Zustand zu decodieren über eine Verknüpfungslogik. Tritt dieser Zustand auf, so hat diese Logik alle J-Eingänge auf Null und alle K-Eingänge auf Eins zu legen. In diesem Fall nehmen alle Stufen beim nächsten Taktzeitpunkt den Wert Null an, wie aus der Wahrheitstabelle des JK-Flip-Flop Bild 5.44 zu entnehmen ist.

5.5.3 Vor- und Rückwärts-Zähler

Gelegentlich kommen in Analog-Digital-Umsetzern auch Vorwärts-Rückwärts-Zähler vor. Eine Umschaltung der Zählrichtung läßt sich bewirken, wenn man ausgehend von der Zählfolgetabelle Bild 5.46 die Tatsache benutzt, daß sich beim Rückwärtszählen, d. h. Durchlauf der Tabelle von unten nach oben, der Zustand einer Zählstufe dann ändert, wenn alle Stufen mit niedrigerem Gewicht den Wert Null annehmen. Decodiert man diesen Zustand z. B. durch Anschluß der $\overline{Q}$-Ausgänge an ein UND-Gatter, so wird die Zählrichtung verändert. Durch Einbau eines Umschalters kann auch die Zählrichtung von vorwärts auf rückwärts und umgekehrt von außen eingestellt werden. Im einzelnen sei auf die Fachliteratur verwiesen [5.14].

5.6 Schrifttum zu Abschnitt 5

5.1 Ebers, J.J.; Moll, J.L.: Large-signal behavior of junction transistors. Proc. IRE 42 (1954) 12, 1761-1772

5.2 Gray, P.E. et al.: Physical electronics and circuit models of transistors. SEEC, Vol. 2, New York: John Wiley & Sons 1964

5.3 Köhler, H.; Weidner H.: Ein schneller Spannungsschalter für Digital-Analog-Wandlung. Elektronik 17 (1968) 1, 17

5.4 Beneking, H.: Feldeffekttransistoren. Berlin, Heidelberg, New York: Springer 1973

5.5 Müller, R.: Bauelemente der Halbleiter-Elektronik. Berlin, Heidelberg, New York: Springer 1973

5.6 Reiniger, K.D.; Tränkler, H.R.: Digital-Analog-Umsetzer mit FET-schaltern. Elektronik 21 (1972) 2, 39

5.7 Bernstein, H.: Analogschalter, Theorie und Anwendungen. elektronik-industrie 3 (1974), 33-36

5.8 Kitsopoulos, S.C.: Transmission gates with negative feedback. Digest of the IEEE Intern. Solid State Circuit Conf., Feb. 1970, 154

5.9 Sangster, F.L.J.: Der "Eimerkettenspeicher", ein Schieberegister für analoge Signale. Philips Techn. Rdsch. 31 (1970/71) 4, 97

5.10 Gray, J.R.; Kitsopoulos, S.C.: A precision sample and hold circuit with subnanosecond switching. IEEE Trans. CT 14 (1964) 9, 389

5.11 Bernina, D.; Barger, J.R.: High-speed, high-resolution A/D converter here's how. EDN (1973) June 5, 62

5.12 Solomon, J.E.: The monolithic op amp: a tutorial study. IEEE J. SC (1974) 6, 314-332

5.13 Naylor, J.R.: Digital and analog signal applications of operational amplifiers, part II: Sample and hold modules, peak detectors and comparators. IEEE Spectr. 8 (1971) 6, 38-46

5.14 Tietze, U; Schenk, Ch.: Halbleiter-Schaltungstechnik. 3. Aufl., Berlin, Heidelberg, New York: Springer 1974

5.15 Stafford, K.R.; Gray, P.R.; Blanchard, R.A.: A complete monolithic sample/hold amplifier. IEEE J. SC-9 (1974) 6, 381-387

6. Messungen an Umsetzern

6.1 Einleitung

Messungen an Analog-Digital- bzw. Digital-Analog-Umsetzern bezwecken
die Überprüfung der ordnungsgemäßen Wirkungsweise bei Neuentwicklungen,
die Kontrolle der im Datenblatt angegebenen Kennwerte bei käuflichen
Geräten, oder den Vergleich verschiedener Umsetzer untereinander. Die
interessierenden Kennwerte hängen mit der jeweiligen Anwendung eng zusammen. Es würde über den Rahmen dieser Darstellung hinausgehen, wenn
Meßmethoden für spezifische Anwendungen besprochen würden. Zur Ergän-
zung sei auf das Schrifttum verwiesen [6.1]. Das Vorgehen soll vielmehr exemplarisch an einigen wichtigen statischen und dynamischen Kennwerten (s. Kapitel 1.3) gezeigt werden.

Eine weitere Schwierigkeit ist die Fülle der anfallenden Meßwerte. Zum
Beispiel hat ein Umsetzer mit 12 bit 4096 mögliche Ein- und Ausgangs-
kombinationen. Häufig müssen nicht alle Kombinationen überprüft werden.
Es genügt vielmehr, aufgrund der Kenntnis der Wirkungsweise besonders
kritische Testmuster herauszufinden.

Ein vielen Meßaufbauten zugrundeliegender Gedanke ist, dem Testobjekt
eine bekannte Größe zur Messung anzubieten und das Ergebnis mit der
Ausgangsgröße zu vergleichen, wobei die Abweichung ein Maß für den Fehler ist.

Sind Umsetzer in Systemen eingesetzt, in denen der Mensch als Empfänger
der Nachricht auftritt, wie etwa bei der Sprach- und Bildübertragung,
so sind subjektive Untersuchungen unerläßlich, um die Brauchbarkeit be-
urteilen zu können.

6.2 Messungen an Digital-Analog-Umsetzern

Bild 6.1 zeigt eine vielseitige Testanordnung für Digital-Analog-Umsetzer, bei der ein Testobjekt mit einem genauen Umsetzer verglichen wird.
Ein Testmustergenerator erzeugt die gewünschten Bitmuster. Er kann im

einfachen Fall aus einer Bank von Schaltern, je einen für jede Dualstelle, bestehen, welche von Hand auf die "logischen" Pegel O oder 1
gestellt werden. Bei häufiger Benutzung lohnt sich ein elektronischer
Mustergenerator oder der Anschluß an einen Digitalrechner.

Die Ausgänge der beiden Umsetzer werden am Eingang eines Verstärkers
subtrahiert, so daß an dessen Ausgang der Fehler erscheint. Durch geeignete Wahl der Widerstände können die Spannungsbereiche der Umsetzer
und der Ausgangswert auf den Meßbereich eines Anzeigeinstruments oder
Schreibers angepaßt werden.

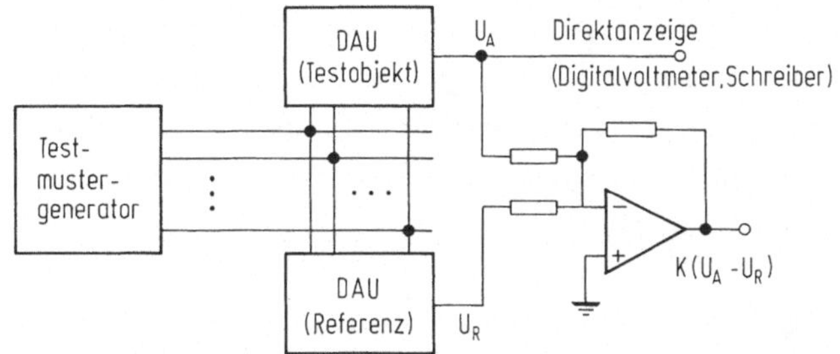

6.1. Testanordnung für Digital-Analog-Umsetzer

Der Einsatz der Anordnung von Bild 6.1 soll anhand einiger Beispiele
gezeigt werden.

6.2.1 Statische Messungen

Hierbei ist die Dauer für ein bestimmtes Testmuster groß gegenüber der
Umsetzungszeit.

Linearität

Der Vergleichsumsetzer wird hierbei nicht notwendigerweise gebraucht.
Falls am Testobjekt keine Möglichkeit zum Nullabgleich vorhanden ist,
kann der Vergleichsumsetzer dazu herangezogen werden. In diesem Fall
verwendet man den Ausgang des Fehlerverstärkers, ansonsten denjenigen
für die Direktanzeige.

Die Prüfung der Linearität erfolgt im Prinzip durch Anwendung des
Überlagerungsgesetzes: Der Wert der Ausgangsspannung für den Fall, daß
alle Stellen b_0 bis b_{n-1} gleich 1 sind, sollte gleich der algebraischen Summe all der Ausgangsspannungen sein, die sich ergeben, wenn
jeweils nur eine Stelle b_0 bis b_{n-1} gleich 1 ist.

Die Ausgangsspannung U_A des Digital-Analog-Umsetzers hat die Form

$$U_A = U_{REF}(b_{n-1} 2^{-1} + b_{n-2} 2^{-2} + \ldots + b_O 2^{-n})$$

Dabei ist U_{REF} der nominelle Wert der maximalen Ausgangsspannung, der tatsächliche Maximalwert ist $U_{AMAX} = U_{REF}(1-2^{-n})$.

Entsprechend obigem Grundgedanken schaltet man nun nacheinander verschiedene Stellen auf 1, alle anderen auf O, und notiert den zugehörigen Wert der Ausgangsspannung. Anschließend schaltet man alle vorher einzeln gesetzten Stellen gleichzeitig auf 1 und notiert die zugehörige Ausgangsspannung. Die Abweichung der Summe der Werte der Einzelmessungen vom Wert bei der Gesamtmessung ist der Linearitäts- oder Summationsfehler. Er ist üblicherweise am größten, wenn alle Werte b_O bis b_{n-1} gleich 1 sind.

Wichtig ist, daß der Nullpunktfehler vorher eliminiert wird, entweder durch Abgleich oder dadurch, daß er von allen Einzelmessungen abgezogen wird, da er andernfalls in der algebraischen Summation mehrfach enthalten ist. Ferner sollte vor der Messung die Verstärkung auf den Sollwert kalibriert sein.

Bit-Test

Beim einfachen Bit-Test werden die Testmuster gleichzeitig an das Testobjekt und den Vergleichsumsetzer gelegt und zwar wird jeweils nur eine Stelle auf 1, alle anderen Stellen auf O gesetzt. Der Ausgang des Fehlerverstärkers kann mittels eines Schreibers oder Oszillografen sichtbar gemacht werden. Oft ist es zweckmäßig, je ein weiteres Intervall für "alle Bits O" und "alle Bits 1" vorzusehen. Zweckmäßig ist ferner, die Anzeigeempfindlichkeit so einzustellen, daß der Ausschlag für 1 LSB auf ein ganzzahliges Vielfaches der Teilung fällt.

Beginnt das Muster mit dem MSB auf 1 und liegt z. B. ein Verstärkungsfehler vor, so nehmen die aufeinanderfolgenden Stufen exponentiell in der Höhe ab. Sie gehen nicht auf Null, wenn ein Versatz (Offset) besteht. Justiert man aufgrund der Messung auf den Fehler O bei "alle Bits 1" und beim Eingangsmuster "alle Bits O", so zeigen sich verbleibende nichtlineare Effekte in unterschiedlichen Vorzeichen und Höhen der angezeigten Differenzen.

Stufentest

Beim Stufentest werden alle möglichen digitalen Bitkombinationen hintereinander erzeugt, indem als Mustergenerator ein Dualzähler entsprechender Stellenzahl verwendet wird. Der Ausgang des Testobjekts ebenso wie der des Vergleichsumsetzers über der Zeit verläuft stufenförmig. Bei idealen Verhältnissen ist der Fehleraufschrieb eine horizontale Linie. Verstärkungsfehler verleihen dieser Linie eine konstante Neigung, eine Nichtlinearität äußert sich in einer Krümmung, differentielle Nichtlinearitäten in Form von Stufen, gegebenenfalls unterschiedlicher Höhe.

Prüfung der differentiellen Linearität

Eine unmittelbare Prüfmethode für die differentielle Nichtlinearität über den ganzen Bereich ergibt sich durch eine Modifikation der Anordnung von Bild 6.1: Der Testmustergenerator ist wieder ein Zähler, der das Testobjekt ansteuert. Mit einer digitalen Subtraktionsschaltung wird das Muster für den Vergleichsumsetzer jeweils durch Abzug von 1 LSB vom Zählerstand erzeugt (Offset-Methode). Der Fehleraufschrieb muß idealerweise wieder horizontal, aber von der Höhe eines LSB sein. Abweichungen davon werden sofort sichtbar.

Kritisch sind besonders diejenigen Muster, bei denen nach Addition oder Subtraktion von 1 LSB ein Übertrag in die nächsthöhere Stelle erfolgt (siehe Parallel-Umsetzer, Abschnitt 3.2), insbesondere wenn er über mehrere Stellen läuft, wenn also im Beispiel eines Code mit vier Stellen die Werte 0000/0001, 0001/0010, 0011/0100, 0111/1000 aufeinanderfolgen.

Im oben beschriebenen Test werden alle diese Übergänge automatisch erfaßt, speziell bei einem von Hand bedienten "Mustergenerator" wird man sich auf die kritischen Kombinationen beschränken können.

6.2.2 Dynamische Messungen

Die wichtigste dynamische Größe eines Digital-Analog-Umsetzers ist die Einschwingdauer (Settling time). Sie ist definiert als diejenige Zeitdauer, welche die Ausgangsspannung benötigt, um innerhalb eines bestimmten Streifens um den stationären Wert zu gelangen. Die Breite dieses Streifens ist i. a. $\pm$ 1/2 LSB, d. h. die Zeitdauer hängt von der Genauigkeit des Umsetzers ab und wird bei gleichem Verlauf mit wachsender

Stellenzahl größer. Bei oszillierendem Einschwingen zählt derjenige
Augenblick, in dem die Spannung letztmalig die Grenze des Streifens
überschreitet.

Große Änderungen der Spannung werden überdies durch nichtlineare Vorgänge (s. Abschnitt 5.3.2) mitbestimmt, sind also nicht aus der Klein-
signalbandbreite berechenbar. Es werden deswegen häufig zwei verschiedene Einschwingdauern angegeben, eine für den vollen Aussteuerbereich
(full scale), die andere für benachbarte Amplitudenwerte (bit tracking
mode).

Die genaue Messung der Einschwingdauer gestaltet sich schwierig angesichts der durch hohe Auflösung gesetzten engen Grenzen, der einge-
schränkten Bandbreite der Meßgeräte und der unvermeidlichen Störspannungen.

Messung der Einschwingdauer

Die Meßanordnung zeigt Bild 6.2. Ein Impulsgenerator speist die parallel geschalteten Digitaleingänge des Digital-Analog-Umsetzers mit Aus-
nahme der niedrigstwertigen Stelle (LSB). Das LSB kann entweder ständig auf 0, ständig auf 1 oder parallel zu den übrigen Digitaleingän-
gen geschaltet werden (dynamisch). Der Ausgang des Digital-Analog-Umsetzers liegt am Minus-Eingang eines sehr schnellen Komparators, dessen eigene Einschwingzeit klein gegenüber derjenigen des Digital-Analog-Umsetzers ist, der Plus-Eingang ist an eine variable Vergleichsspannung gelegt, der Komparatorausgang lenkt einen Oszillografen verti-
kal aus, dessen Zeitablenkung vom Impulsgenerator angestoßen wird.

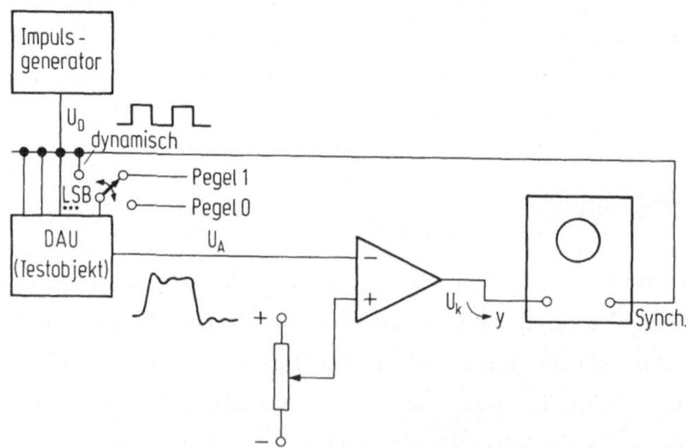

6.2. Testschaltung für die Einschwingdauer über den vollen Bereich

Die Messung beginnt mit der Schalterstellung "dynamisch" für das LSB.
Die variable Vergleichsspannung des Komparators wird so eingestellt,
daß sie gleich der vollen Ausgangsspannung des Digital-Analog-Umsetzers wird. Dadurch wird der lineare Aussteuerbereich des Komparators
auf die Vollaussteuerung zentriert. Schaltet man nun das LSB auf "ständig 0", so bleibt der Komparator i. a. im linearen Bereich, ändert aber
seine Ausgangsspannung entsprechend einem LSB, wodurch sich auf dem
Bildschirm des Oszillografen ein Streifen einer Breite entsprechend dem
LSB identifizieren läßt. Es wird nun im Impulsbetrieb beobachtet, wie
lange es dauert, bis die Ausgangsspannung des Komparators an der Unter-
kante des Streifens angelangt ist (Bild 6.3). Eine klare Trennungslinie
wird durch Störspannungen und durch thermische Effekte im Komparator
unter Umständen verwischt.

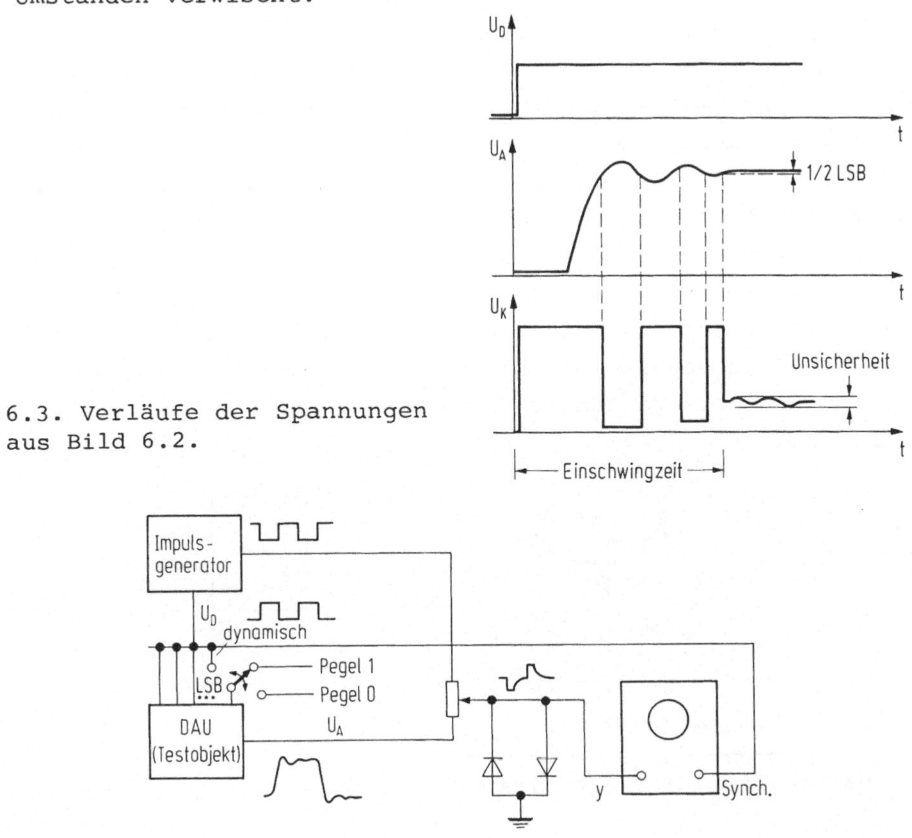

6.3. Verläufe der Spannungen
aus Bild 6.2.

6.4. Vereinfachte Testschaltung für die Einschwingdauer über den vollen Bereich

Ein vereinfachtes Verfahren zur Messung der Einschwingdauer kommt ohne
Komparator aus. Dabei wird ein Impulsgenerator benötigt (Bild 6.4), der
einen zweiten Ausgang mit einer zur Ansteuerung des Digital-Analog-Um-

setzers gegenphasigen Spannung besitzt. Über die verstellbare Mittelan-
zapfung eines Spannungsteilers, dessen Enden einerseits am Ausgang des
Digital-Analog-Umsetzers, andererseits an der gegenphasigen Generator-
spannung liegen, wird der Oszillograf in der Stellung "dynamisch" für
das LSB auf den Wert Null (virtuelle Masse) gelegt und auf volle Empfindlichkeit geschaltet, so daß in der Stellung "ständig O" für das LSB
wieder eine Auslenkung entsprechend dem Wert für das LSB auf dem Bildschirm erscheint. Die übrige Messung bleibt gleich. Die Dioden sind als
Übersteuerungsschutz für den Oszillografen gedacht.

Einschwingdauer in der Bereichsmitte

Bei einem Analog-Digital-Umsetzer nach dem einfachen Zählverfahren (Abschnitt 3.4.2) unterscheiden sich aufeinanderfolgende Werte der Ausgangsspannung des im Rückkopplungspfad liegenden Digital-Analog-Umsetzers nur um 1 LSB. Maßgeblich für die maximale Taktfrequenz des Umsetzers ist unter anderem die Einschwingdauer für 1 LSB, die wesentlich
kleiner sein kann als die für den vollen Aussteuerbereich. Kritisch
sind jedoch wieder die Folgen von Codeworten, bei denen sich mehrere
Stellen gleichzeitig ändern, insbesondere in der Bereichsmitte, bei
denen alle Stellen invertiert werden (z. B. 0111 → 1000). Selbst bei
statischer Fehlerfreiheit können wegen unterschiedlicher Umschaltzeit
der einzelnen Stromschalter (Abschnitt 4.2) erhebliche Überschwinger
("glitches") mit entsprechender Verlängerung der Einschwingdauer auftreten.

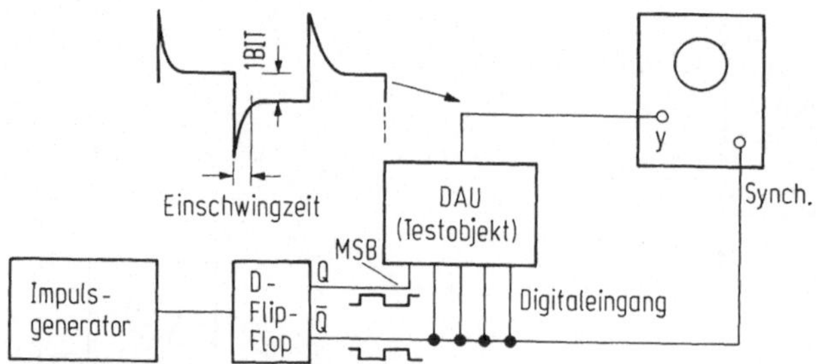

6.5. Testschaltung für die Einschwingdauer in der Bereichsmitte

Eine Meßanordnung für die Einschwingdauer in Bereichsmitte (major carry
transition) zeigt Bild 6.5. Alle Digitaleingänge des Digital-Analog-
Umsetzers bis auf das MSB sind parallel geschaltet, das MSB wird im
Vergleich zu den anderen Eingängen invertiert angesteuert. Dadurch wird
in der Bereichsmitte dauernd um 1 LSB hin- und hergeschaltet. Ein prin-
zipiell möglicher Verlauf der Ausgangsspannung ist angedeutet. Die Ab-

lesung der Einschwingdauer wird erleichtert durch die Tatsache, daß unter Beibehaltung der Definition für das Ende der Einschwingdauer beim Abstand von 1/2 LSB vom Endwert abgelesen werden kann. Die Gesamtamplitude liegt in der gleichen Größenordnung, so daß Übersteuerungseffekte von Verstärkern entfallen.

Je nach Aufbau, Anwendung und Verhalten eines Digital-Analog-Umsetzers kann es von Interesse sein, die dynamischen Eigenschaften an anderen Übergangsstellen oder im Bereich mehrerer wechselnder Codeworte zu erfassen. Dafür sind Schaltungen mit Vor-Rückwärtszählern entwickelt worden [6.1].

6.3 Messungen an Analog-Digital-Umsetzern

Es sei zunächst an den grundsätzlichen Unterschied zwischen Analog-Digital- und Digital-Analog-Umsetzung erinnert: Während ein Digital-Analog-Umsetzer für jeden digitalen Wert jeweils einen bestimmten Ausgangswert mit nahezu beliebiger Genauigkeit erzeugen kann, ordnet ein Analog-Digital-Umsetzer einen ganzen Wertebereich mit theoretisch beliebig vielen Zwischenwerten einem einzigen digitalen Wert zu, wobei die Genauigkeit nie besser als eine halbe Quantisierungsstufe sein kann. Die Meßaufgabe ist deswegen nicht allein mit der Bestimmung der Codekombination zu erledigen, sondern ist durch die Bestimmung der Lage der Bereichsübergänge in der Quantisierungskennlinie Bild 1.7 zu ergänzen. Rauschen, Brumm und eingestreute Störspannungen können die Schwellwerte bezüglich des Signals verändern.

6.3.1 Statische Messungen

Qualitative Messung der Gesamtkennlinie

Während der Entwicklungsphase eines Umsetzers genügen häufig qualitative Messungen der Kennlinie, um die grundsätzliche Richtigkeit des Umsetzerkonzeptes zu prüfen und gegebenenfalls iterativ zu verbessern.

Eine einfache Testschaltung zeigt Bild 6.6. Ein Dreieckgenerator erzeugt analoge Meßwerte, die im Meßbereich des Analog-Digital-Umsetzers liegen. Ein Taktgenerator veranlaßt den Analog-Digital-Umsetzer, Meßwerte zu entnehmen mit einer Folgefrequenz, die wesentlich höher ist als die Wiederholfrequenz der Dreiecke, jedoch wesentlich niedriger

136

als die maximale Umsetzungsrate des Analog-Digital-Umsetzers. Ein Digital-Analog-Umsetzer wandelt die Digitalwerte des Analog-Digital-Umsetzers zurück, wobei sich eine Treppenfunktion ergibt, welche bei n-stelliger Umsetzung 2^n Stufen gleicher Breite aufweist. Anstelle des

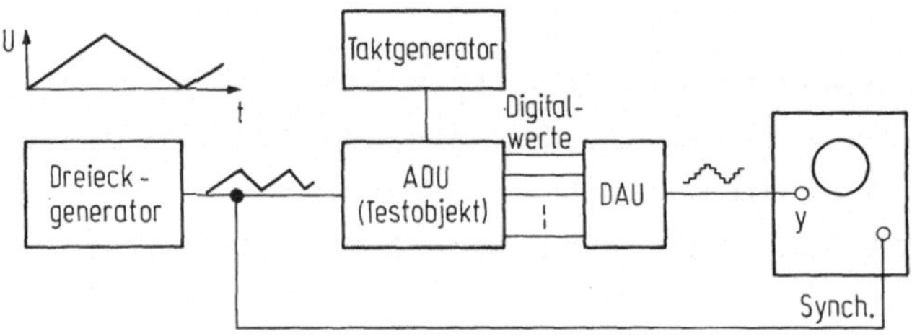

6.6. Anordnung zur qualitativen Messung der Gesamtkennlinie

Oszillografen kann auch ein Schreiber als Registriergerät eingesetzt werden. Drastische Fehler werden auf diese Weise sofort sichtbar, da der gesamte Bereich überblickt werden kann. Feinheiten lassen sich bei großer Stufenzahl nicht entnehmen. Dazu dient die im folgenden beschriebene Anordnung.

Differentielle Kennlinienmessung

Bei großer Stufenzahl und höheren Anforderungen an die Kenntnis des Kennlinienverlaufs im Detail ist es sinnvoll, eine Meßanordnung zu benutzen, bei der ein Fenster, das nur wenige Stufen umfaßt, an der Gesamtkennlinie entlanggeschoben wird. Die Anordnung hierzu zeigt Bild 6.7, sie ist eine Verfeinerung von Bild 6.6

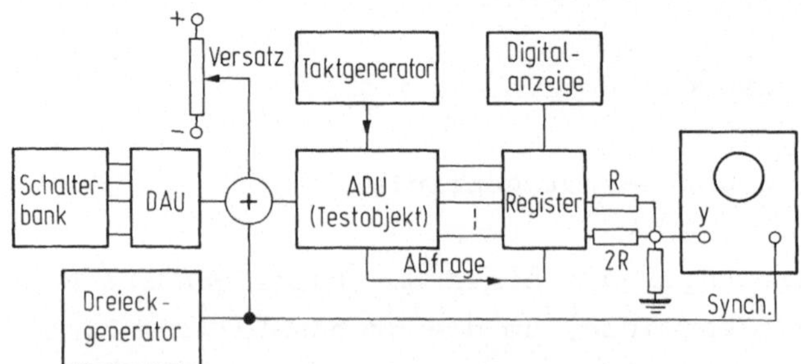

6.7. Anordnung zur ausschnittweisen Messung der Kennlinie

Mit einer Schalterbank wird ein bestimmter Dualwert eingestellt und durch einen Digital-Analog-Umsetzer in eine Analogspannung gewandelt, welche zusammen mit einer einstellbaren Versatzspannung und der Spannung des Dreieckgenerators, deren Amplitude nun etwa auf die Höhe von mehreren Amplitudenfeinstufen herabgesetzt ist, aufaddiert und dem

Testobjekt zugeführt wird. Der duale Meßwert des Analog-Digital-Umsetzers wird in einem Register zwischengespeichert und dual (zum Vergleich mit der Schalterbank) angezeigt, die beiden Stellen niedrigster Wertigkeit werden auf dem Oszillografen über einen vereinfachten Digital-Analog-Umsetzer mit 2 bit als Treppe sichtbar gemacht. Wie in Bild 6.6 ist die Frequenz des Taktgenerators groß gegenüber der des Dreieckgenerators, jedoch klein gegenüber der maximalen Umsetzungsrate.

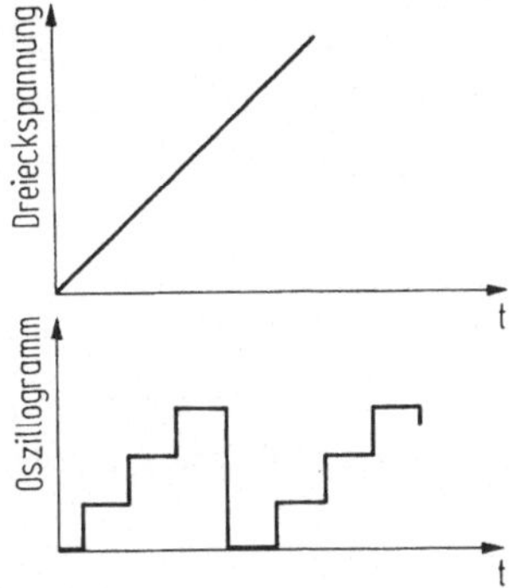

6.8. Oszillogramm bei fehlerfreier Funktion des Analog-Digital-Umsetzers

Zunächst wird der Analog-Digital-Umsetzer auf Null bzw. Vollausschlag kalibriert. Bei Null wird an der Schalterbank nur das LSB = 1 gesetzt und die Nullpunkteinstellung am Analog-Digital-Umsetzer solange verändert, bis der dem LSB entsprechende Wert auf dem Bildschirm maximal hell ist, wobei der Dreieckgenerator abgeschaltet ist. Bei der Kalibrierung der Verstärkung des Analog-Digital-Umsetzers auf Vollausschlag wird das LSB = O, alle anderen Bits gleich 1 gesetzt und wieder durch die Helligkeitsbeobachtung zentriert.

Zu hohe Lage der Schwellen im Analog-Digital-Umsetzer äußert sich in einer Rechtsverschiebung der Treppe um den Betrag des Fehlers. Der differentielle Linearitätsfehler ξ_{DL} kann bei einer gemessenen Stufenbreite ΔU angegeben werden zu

$$\xi_{DL} = \frac{\Delta U - \Delta U_N}{\Delta U_N} \quad ,$$

wobei $\Delta U_N = U_{REF} \, 2^{-n}$, d. h. ΔU_N ist der Nominalwert der Stufenbreite für 1 LSB.

Wie bereits beim Digital-Analog-Umsetzer beschrieben, können nun entweder alle Bits einzeln oder auch die kritischen Übergänge mit Änderung

138

mehrerer Stellen beim Wechsel zwischen benachbarten Codekombinationen
geprüft werden. Fehler wie z. B. oszillierende Komparatoren ergeben ein
"verrauschtes" Bild der Treppe. Hystereseeffekte ergeben unterschiedliche Lage der Übergänge je nach Durchlaufrichtung

Präzisionsmessung der Gesamtkennlinie

Eine Meßanordnung, mit der sich gleichzeitig ein Überblick über die
Kennlinie ebenso wie ein Einblick in die Lage der Übergangsschwellen im
Detail gewinnen läßt, zeigt Bild 6.9. Sie dient der Aufnahme eines Hi-
stogramms, d. h. der Häufigkeitsverteilung von Meßwerten.

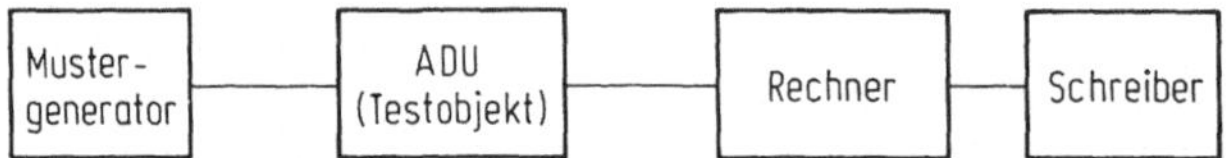

6.9. Anordnung zur Aufnahme eines Histogramms der Bereiche eines
Analog-Digital-Umsetzers

Der Mustergenerator erzeugt eine Analogspannung über der Zeit, bei der
alle Amplitudenwerte im Meßbereich des Analog-Digital-Umsetzers gleich
häufig vorkommen. Dazu eignet sich grundsätzlich ein Sägezahn- oder
Dreieckgenerator. Da ein genauer Umsetzer jedoch oft eher Aussagen über
die Linearität des Mustergenerators liefert als umgekehrt, sollte bei
höheren Anforderungen ein digitaler Zufallszahlengenerator, gefolgt von
einem präzisen Digital-Analog-Umsetzer, als Mustergenerator eingesetzt
werden. Am Ausgang des getesteten Analog-Digital-Umsetzers wird nun gezählt, wie häufig die möglichen Codeworte auftreten. Dabei mitteln sich
die Effekte von unkorrelierten Störspannungen, welche bei Einzelmessun-

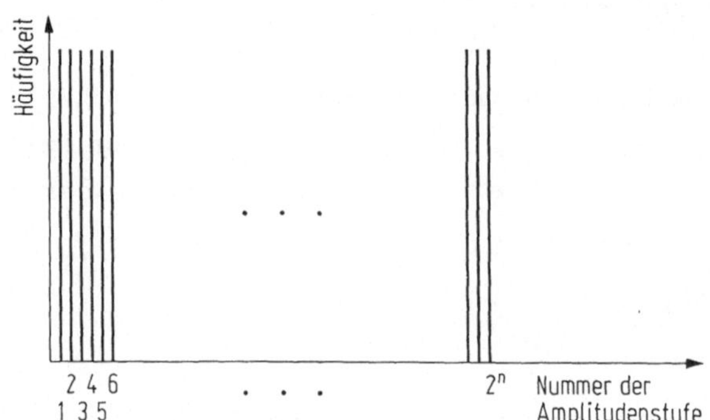

6.10. Auswertung der Messungen der Anordnung von Bild 6.9.

gen eine verschobene Bereichsgrenze vortäuschen können, bei genügend
vielen Messungen heraus. Ein fehlerfreier Analog-Digital-Umsetzer hat
ein Histogramm entsprechend Bild 6.10, d. h. alle Häufigkeiten sind

gleich hoch. Ungleiche Schwellenabstände, d. h. differentielle Nichtlinearitäten zeigen sich in Häufigkeitsabweichungen vom konstanten Wert.
Vernachlässigt man die diskrete Natur der Häufigkeitsverteilung, so liefert das Histogramm eine Aussage über die differenzierte Übertragungskennlinie.

Die Auswertung muß nicht unbedingt mit einem Rechner erfolgen. Die Viel-
kanalanalysatoren der kernphysikalischen Meßtechnik beruhen auf dem
gleichen Verfahren. Dabei werden ebensoviele Zähler benötigt, wie Stufen
bei der Analog-Digital-Umsetzung vorkommen, also 2^n. Der Ausgangswert
des Testobjekts dient als Adresse für den der Amplitudenstufe zugeordneten Zähler, dessen Stand bei jedem Auftreten der Adresse um eine Einheit
erhöht wird. Die Ablesung der Zählerstände am Ende der Messung liefert
das Histogramm.

Der Einsatz eines Prozeßrechners zur Auswertung der Messung bietet weitere Möglichkeiten, die nur angedeutet werden können. Zum Beispiel kann
der Rechner selbst die Testmuster erzeugen und anschließend die Tester-
gebnisse mit den Ausgangsmustern vergleichen und eine Aussage in Form
einer Fehlerrate liefern. Dieser Test kann auch mittels spezieller Meßgeräte der PCM-Technik ohne Rechner durchgeführt werden.

6.3.2 Dynamische Messungen

Maximale Umwandlungsrate

Häufig wird die Umwandlungszeit für ein Codewort als Maß für die Geschwindigkeit eines Analog-Digital-Umsetzers angegeben. Sieht man vom
Abtasthalteglied ab, so ergibt sich diese Zeit aus der Summe der Lauf-
zeiten auf den Leitungen und den Verzögerungszeiten der Verstärker, Komparatoren und Verarbeitungslogik. Ihr Kehrwert wäre die maximale Umwandlungsrate. Praktisch wird dieser Wert bei schneller Wiederholung der
Messungen jedoch wegen der akkumulierten Störwirkung von Ein- und Aus-
schaltvorgängen meist nicht erreicht. Aus diesem Grund ist die maximale
Umwandlungsrate ein besseres Geschwindigkeitsmaß als die bei großem Abstand der Abtastwerte ermittelte Umwandlungszeit.

Die Meßanordnung zeigt Bild 6.11. Ein Impulsgenerator erzeugt eine
Rechteckfolge mit einem Tastverhältnis von 50 %, deren Amplitude den
Meßbereich von Null bis zum vollen Wert aussteuert und deren Folgefre-
quenz einstellbar ist. Über einen Digital-Analog-Umsetzer wird der ur-

140

sprüngliche Analogwert zurückgewonnen und mit diesem auf einem Zwei-
strahloszillografen verglichen. Entsprechende Einstellung der Synchro-
nisation wird vorausgesetzt. Bei niedriger Folgefrequenz wird eine voll-
kommene Übereinstimmung der Signale von Y_1 und Y_2 gegeben sein. Nun wird
die Folgefrequenz erhöht, bis sichtbare Verformungen des Rechtecks auftreten. Da dieses Kriterium unscharf ist, ist auch der Meßwert entsprechend ungenau.

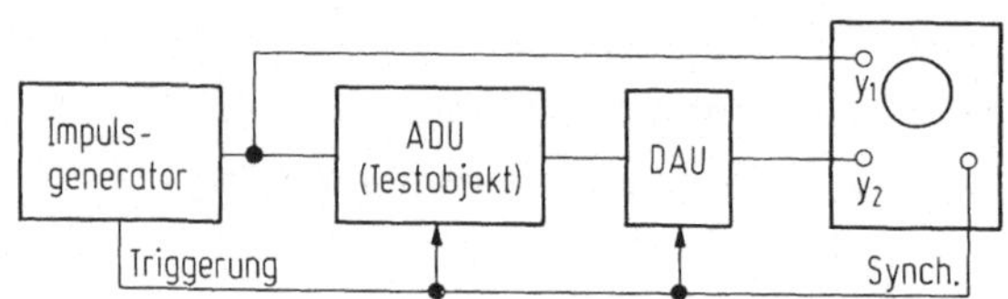

6.11. Meßanordnung für die maximale Umwandlungsrate

Eine schärfere Aussage läßt sich machen, wenn anstelle der Ausgangsspannungen direkt die einzelnen Dualstellen des Analog-Digital-Umsetzers beobachtet werden. Sie müssen alle die gleiche Rechteckfolge mit
aufeinanderfolgenden O,1-Werten darstellen. Die maximale Umwandlungsrate ist erreicht, wenn bei wenigstens einer Dualstelle entweder der
Maximalwert der Rechteckspannung unter 50 % oder der Minimalwert über
50 % zu liegen kommt.

Frequenzgang der Amplitudenauflösung

Für Anwendungen in der Nachrichtentechnik interessiert, bis zu welcher
Frequenz der Umsetzer eine sinusförmige Spannung, welche den Meßbereich
voll aussteuert, mit voller Stellenzahl quantisieren kann. Diese Frequenz kann in Analogie zum Operationsverstärker als Großsignalbandbreite definiert werden.

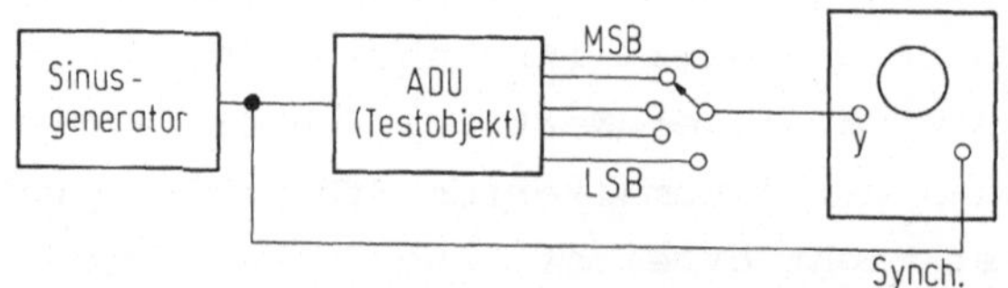

6.12. Meßanordnung für die Großsignalbandbreite

Die Meßanordnung für einen asynchronen Analog-Digital-Umsetzer zeigt
Bild 6.12. Sie entspricht dem Betrieb als digitales Abtasthalteglied
entsprechend Abschnitt 5.2.4. Der Zustand des Ausgangs des Umsetzers
ändert sich nach Maßgabe des Augenblickswertes der sinusförmigen Eingangsspannung. Man kann nun auf dem Bildschirm des Oszillografen, der

mit dem Nulldurchgang der Sinusspannung angestoßen wird, die Muster der einzelnen Dualstellen, am besten mehrkanalig, beobachten. Das LSB wird die höchste Folgefrequenz aufweisen, insbesondere in der Umgebung des Nulldurchgangs der Eingangsspannung. Dort beträgt die Folgefrequenz der Impulse für das LSB das $\pi\,2^{n-1}$-fache der Frequenz der Eingangsspannung. Erhöht man die Frequenz, so wird in aller Regel das LSB zuerst ausfallen. Ab dieser Frequenz reduziert sich die Großsignalauflösung um 1 bit. Man kann auf diese Weise fortfahren und eine Kurve des Frequenzganges der Amplitudenauflösung gewinnen. Aus der maximalen Folgefrequenz des LSB beim Nulldurchgang der Eingangsspannung läßt sich ein Hinweis auf die maximale Umwandlungsrate gewinnen. Da sich bei Rechteckaussteuerung alle Stellen gleichzeitig ändern und eine gegenseitige Beeinflussung nicht auszuschließen ist, liegt die maximale Umwandlungsrate im Rechteckbetrieb i. a. unter derjenigen Impulsfolgefrequenz, bei der das LSB mit Sinusaussteuerung ausfällt.

Bei synchronen Umsetzern ist die Taktfrequenz des Umsetzers entsprechend der höheren Folgefrequenz des LSB gegenüber derjenigen der sinusförmigen Eingangsspannung zu erhöhen. Um ein stehendes Bild zu erhalten, müssen die beiden Frequenzen fest verkoppelt sein. Wegen des Faktors $\pi\,2^{n-1}$ ist es u. U. zweckmäßig, eine Dreieckspannung zu verwenden und die Steilheit im Nulldurchgang auf eine Sinusspannung umzurechnen.

6.4 Zusammenfassung

Solange noch keine einheitlichen Testverfahren für die Angaben über die Kennwerte von Umsetzern in Datenblättern vorliegen, wird jeder Hersteller das für seine Geräte günstigste Meßverfahren verwenden. Der Anwender ist beim Vergleich verschiedener Produkte untereinander oder mit Eigenentwicklungen auf eigene Überlegungen angewiesen, insbesondere bezüglich seiner eigenen Anwendungen. Die vorgestellten Meßverfahren können als Ausgangspunkt und Hilfestellung dienen. Mit wachsender Verbreitung von Analog-Digital-Umsetzern in Systemen und Geräten wird die Entwicklung von leistungsfähigen Meßverfahren ein dringendes Anliegen. Wegen der notwendigen Präzision erscheinen rechnergestützte, statistische Testmethoden aussichtsreich.

6.5 Schrifttum zu Abschnitt 6

6.1 Sheingold, D.H.: Analog-digital conversion handbook. Analog Devices, Inc., Norwood, Massachusetts 02062, USA, 1972

Sachverzeichnis